슈퍼
스도쿠
트레이닝
500문제

초급 중급

SUPER
SUDOKU
TRAINING

이민석 지음

보누스

답을 찾아가는 과정을 포기하지 않는다면 어떤 문제도 풀 수 있다

어렸을 때부터 다양한 수학 퍼즐에 유난히 관심이 많았습니다. 직장인이 되어서도 틈틈이 퍼즐을 놓지 않고 취미로 루빅스 큐브 맞추기와 스도쿠를 즐기곤 했습니다. 〈한국큐브대회〉에서 '눈 감고 루빅스 큐브 맞추기' 종목에 참가해 상을 타기도 했습니다. 저는 좋아하는 퍼즐을 단순히 해결하고 완성하는 것에 만족하지 않고 더 잘 풀기 위한 방법을 끊임없이 연구하고 노력하는 과정을 즐기며 퍼즐을 풀어나갔습니다.

처음에 고난도 스도쿠 문제를 풀 때는 시행착오법(적당한 숫자를 넣어 풀어보고 틀리면 또 다른 숫자를 넣는 과정을 반복해서 답을 찾아내는 방법)을 통해 숫자를 찾아가는 과정도 재미있었고, 그 과정을 통해 답을 찾아냈다는 것에 큰 성취감도 느꼈지요. 그러다 어느 순간 시행착오 없이 논리적으로 풀어나가는 방법이 있지 않을까? 하는 궁금증이 생겼습니다. 이후 논리적인 해결 방법을 연구하던 중 '퍼즐을 풀었다'라는 말은 답만 맞혔을 때가 아닌 답에 이르는 모든 과정을 설명할 수 있을 때 쓸 수 있는 말이라는 사실을 깨달았습니다. 또한 '스도쿠를 푸는 공식은 없다'라는 것도 알게 되었지요. 공식이라는 것은 원리를 생각할 필요 없이 어떤 조건을 만족하면 어떤 결과가 나오게 정리한 것입니다. 그런 의미에서 스도쿠 풀이 기법들은 공식이 아닌 내가 찾은 숫자를 논리적으로 설명할 수 있는 방법입니다.

평범한 직장인으로 취미를 이어가던 중 우연히 〈2014 한국퍼즐선수권대회〉에 참가했다가 〈2014 런던세계스도쿠퍼즐선수권대회〉의 대한민국 국가대표로 출전하는 영광을 얻었습니다. 세계대회에 참가하기 전에도 기본 스도쿠 외에 여러 변형 스도쿠가 있고 다양한 퍼즐이 있다는 것은 이미 알고 있었습니다. 하지만 기존에 알고 있던 정보들이 극히 일부에 지나지 않으며 국내에서는 이와 관련된 자료들을 찾아보기 어렵다는 점을 알게 되었습니다. 이 세계대회를 계기로 저는 '하비프러너'(취미를 뜻하는 하비(hobby)와 무엇을 추구하는 사람인 프러너(preneur)를 합쳐 만든 단어로, 취미를 직업 삼는 사람)가 되었습니다. 하비프러너로서의 제 목표는 나와 같은 취미를 가지고 있으며 재능을 갖춘 누군가에게 도움이 될 자료를 모으고 만드는 것이었고, 이 목표를 좇다 보니 '그릿퍼즐연구소'를 설립하게 되었습니다.

모든 경우의 수를 생각해보고 유일한 답을 찾아가는 과정을 포기하지 않는다면 어떤 문제도 풀 수 있다는 퍼즐의 특성과 일맥상통하는 '그릿(GRIT)'이라는 단어를 활용한 것입니다. 그릿퍼즐연구소에서는 논리적인 설명으로 시행착오 없이 퍼즐을 풀어나가는 방법을 연구하며 퍼즐 교재를 만들고 있습니다. 또한 그릿퍼즐지도사 교육과 세계스도쿠퍼즐선수권대회 청소년 국가대표단 양성에 힘을 쏟고 있습니다.

여러분도 퍼즐의 진정한 재미를 느끼고 싶다면 혼자만의 취미로 그치기보다 대회 참가를 통해 같은 취미를 가진 많은 사람들과 경쟁하고 소통해보기를 추천합니다. 혼자 간직하던 즐거움은 더 커질 것이며, 정답을 어떻게 찾았는지 자신만의 언어로 막연하게 설명하기보다 공통된 언어로 명확히 전달할 수 있을 겁니다. 이것이 바로 우리가 스도쿠 기법을 배우는 이유입니다. 온라인대회는 전 세계 누구나 연령 제한 없이, 실력과 상관없이 무료로 참가가 가능합니다. 각 문제 배점에 따라 문제 난이도를 짐작할 수 있으니 낮은 배점의 문제부터 풀어보기 바랍니다. 대회에서 타인과의 경쟁을 목표로 두지 않고, 자신의 성장을 즐기는 마음으로 임한다면 부담 없이 즐길 수 있을 것입니다.

《슈퍼 스도쿠 트레이닝 500문제 초급·중급》은 자신만의 방식으로 문제를 풀어도 됩니다. 하지만 가장 기본이 되는 히든 싱글로 찾을 수 있는 숫자들을 빠짐없이 찾아내고, 더 빠르게 찾아내는 것이 목표입니다. 먼저 배운 기법을 활용해 찾을 수 있는 숫자들을 모두 채운 다음 더 찾을 수 있는 숫자가 없을 때 막연하게 어떻게 생각해야 될지 몰라 시행착오법을 선택하는 것이 아니라, 다음 순서의 기법을 생각해보게끔 순서대로 정리했습니다.

예를 들어 인터섹션 트레이닝 페이지에서는 히든 싱글을 모두 찾은 후 더 이상 히든 싱글이 없을 때 그다음 기법인 인터섹션으로 남은 숫자들을 찾는 것이 목표입니다.

또한 네이키드 싱글 트레이닝 페이지에서는 히든 싱글과 인터섹션으로 찾을 수 있는 숫자를 모두 찾은 후 히든 페어 또는 다른 기법으로 찾을 수 있는 숫자가 있더라도 반드시 네이키드 싱글을 찾아보는 트레이닝이 되었으면 합니다.

이 책을 통해 퍼즐의 답만 맞히기보다 어떻게 답을 찾았는지 설명할 수 있는 논리적 풀이법을 훈련해보세요. 퍼즐의 진정한 즐거움과 재미를 찾고 스도쿠 대회도 참가해볼 수 있는 계기가 되었으면 합니다.

이민석

CONTENTS

이 책에서 사용하는 스도쿠 용어

칸(Cell, 셀)

9×9 정사각형 안에 있는 81개의 작은 칸을 말합니다.

가로줄(Row, 로우 또는 행)

가로로 연결된 9개의 칸을 말합니다.

세로줄(Column, 컬럼 또는 열)

세로로 연결된 9개의 칸을 말합니다.

									1번째 가로줄
									2번째 가로줄
									3번째 가로줄
									4번째 가로줄
				칸					5번째 가로줄
									6번째 가로줄
									7번째 가로줄
									8번째 가로줄
									9번째 가로줄

1번째 세로줄 2번째 세로줄 3번째 세로줄 4번째 세로줄 5번째 세로줄 6번째 세로줄 7번째 세로줄 8번째 세로줄 9번째 세로줄

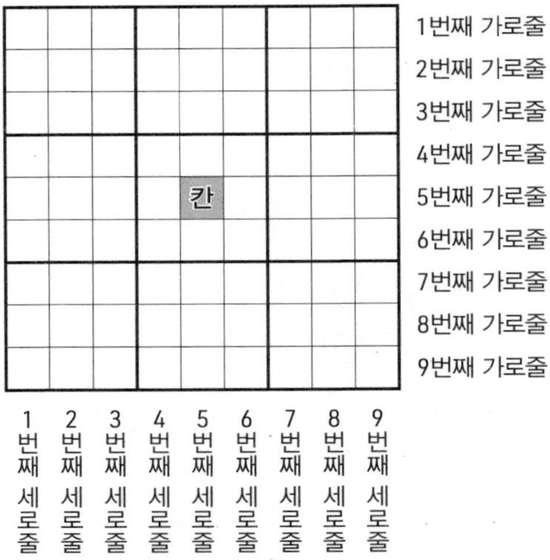

방(Box, 박스 또는 상자)

굵은 선으로 구분된 3×3 정사각형을 말합니다.

1번방	2번방	3번방
4번방	5번방	6번방
7번방	8번방	9번방

후보수(후보 숫자)

1에서 9까지의 수 중 특정 빈칸에 들어갈 수 있는 수를 말합니다.

〈예제〉

		2	1			7		
	9				3		4	
	7				2		5	
		5	4			1		
8		7		9		5	3	
4		3		1		8		7
2		9		7		3		5
	8			5		4	9	

356	3456	2	1	468	45689	7	68	3689
156	9	168	5678	68	3	26	4	1268
136	7	1462	689	468	2	69	5	13689
369	236	5	4	2368	678	1	2678	2689
1369	12346	146	235678	2368	15678	269	2678	24689
8	1246	7	26	9	16	5	3	246
4	56	3	269	1	69	8	26	7
2	16	9	68	7	468	3	16	5
167	8	16	236	5	6	4	9	126

기본 전략 알아보기

※ 9쪽의 예제를 기준으로 설명합니다.

히든 싱글(Hidden Single)

(방에서 찾기) 7번방에서 5가 들어갈 수 있는 칸이 유일합니다.
(줄에서 찾기) 8번째 세로줄에서 1이 들어갈 수 있는 칸이 유일합니다.

인터섹션(Intersection)

9번째 세로줄에서 1은 3번방 두 칸 중에 들어가기 때문에 9번방에서 1이 들어갈 수 있는 칸은 유일합니다.

히든 페어(Hidden Pair)

4번째 세로줄에서 5 또는 7이 들어갈 수 있는 칸은 두 칸뿐입니다.
5 또는 7이 들어갈 수 있는 두 칸에서는 나머지 후보수를 지울 수 있습니다.

네이키드 싱글(Naked Single)

후보수가 유일한 칸은 숫자를 확정할 수 있습니다.

네이키드 페어(Naked Pair)

8번째 가로줄에서 1과 6이 후보수인 칸이 두 칸입니다.
나머지 빈칸에는 이 후보수를 지울 수 있습니다.

유니크니스(Uniqueness)

퍼즐은 반드시 유일한 답을 가져야 하며, 이 경우에만 퍼즐이라 말할 수 있습니다. 퍼즐을 푼다는 것은 답을 찾는 것에서 끝나는 것이 아니라 다른 중복 답이 존재하지 않음도 증명해야 합니다.

시행착오로 적당하다고 생각되는 수 넣기를 반복해서 답을 찾았다면 아직 넣어보지 않은 숫자들도 답이 되는지 안 되는지에 대한 시행착오를 끝까지 이어가야 합니다.

만약, 풀이 과정에서 유일한 경우의 수만 찾아 진행한 경우라면 중복 답이 존재하지 않음을 증명한 것입니다. 대회 문제의 경우 유일한 답을 가지는 퍼즐로 검증된 문제이기에 사용할 수 있는 기법입니다.

스도쿠 문제의 난이도

초급 문제는 여러 가지 기법으로 숫자를 찾을 수도 있으나 히든 싱글과 인터섹션만으로도 쉽게 풀 수 있습니다.

중급 문제는 히든 싱글과 인터섹션만으로 풀 수 없으며, 적어도 한 번은 중급 기법으로 숫자를 찾아야 풀 수 있습니다.

고급 문제는 초·중급 기법만으로 풀 수 없으며, 적어도 한 번은 고급 기법으로 숫자를 찾아야 풀 수 있습니다.

초·중급 기법은 논리적으로 숫자를 확정하는 방법이며, 고급 기법은 후보수를 논리적으로 지워나가는 방법이라고 구분할 수 있습니다.

초급

트레이닝 문제
001~100

스도쿠 기본 규칙

1. 모든 가로줄에 1부터 9까지의 숫자가 한 번씩 들어갑니다.
2. 모든 세로줄에 1부터 9까지의 숫자가 한 번씩 들어갑니다.
3. 모든 방에 1부터 9까지의 숫자가 한 번씩 들어갑니다.

풀 하우스 Full House

가로줄, 세로줄 그리고 방에서 빠진 하나의 숫자를 채웁니다.

	6	3					4	5
7	2	5	4		8		6	
9	8	4			6		2	
		2						
8	3	6	9		5	2	7	4
	7					6	5	
		7				5	8	2
2			5				9	6
	5					4	3	7

1번방 풀 하우스 1
5번째 가로줄 풀 하우스 1
8번째 세로줄 풀 하우스 1
9번방 풀 하우스 1

1번방	2번방	3번방
4번방	5번방	6번방
7번방	8번방	9번방

히든 싱글 Hidden Single [방에서 찾기]

숫자를 방으로 포인팅(Pointing)하여 유일한 칸에 숫자를 채웁니다.

1								
	5	4				2		
				8	9	4	3	
3							5	
	4			5	6	8		
				7		9		
	2							
6						5		1
		7	9		8		6	

3번방 히든 싱글 1 ➡ 2번방 & 6번방 히든 싱글 1 ➡ 5번방 히든 싱글 1
➡ 4번방 히든 싱글 1 ➡ 6번방 히든 싱글 1 ➡ 7번방 히든 싱글 1
➡ 8번방 히든 싱글 1

포인팅 트레이닝 [숫자 순서대로 찾기]

포인팅으로 숫자 순서대로 모두 찾아가며 풀 수도 있습니다. 처음 찾아야 하는 숫자는 문제 번호의 일의 자리수와 동일하며 다음 찾아야 하는 숫자는 1~9 순서로 진행합니다.

1		6		4				7
	5				6			
6	4		1		2		5	3
	2			3			8	
		4				3		
		1	2		9	5		
	1		3	6	5		2	
7		3				4		1
				4				

1		6		4				7
	5				6	1		
6	4		1		2		5	3
	2			3		1	8	
		4	1			3		
		1	2		9	5		
	1		3	6	5		2	
7		3				4		1
			4	1				

1	3		6	5	4	2		7
2		5			3	6	1	4
6	4		1		2		5	3
5	2		4	3		1	8	
		4	5	1		3		2
3		1	2		9	5	4	
4	1		3	6	5		2	
7	5	3		2		4		1
		2		4	1		3	5

1	3		6	5	4	2		7
2		5			3	6	1	4
6	4		1		2		5	3
5	2	6	4	3		1	8	
		4	5	1	6	3		2
3		1	2		9	5	4	6
4	1		3	6	5		2	
7	5	3		2		4	6	1
	6	2		4	1		3	5

1	3		6	5	4	2		7
2		5		7	3	6	1	4
6	4	7	1		2		5	3
5	2	6	4	3	7	1	8	
		4	5	1	6	3	7	2
3	7	1	2		9	5	4	6
4	1		3	6	5	7	2	
7	5	3		2		4	6	1
	6	2	7	4	1		3	5

1			6		4	2		7
2		5				6	1	
6	4		1		2		5	3
	2			3		1	8	
		4		1		3		2
		1	2		9	5		
	1		3	6	5		2	
7		3		2		4		1
		2		4	1			

1	3		6		4	2		7
2		5			3	6	1	
6	4		1		2		5	3
	2			3		1	8	
		4		1		3		2
3		1	2		9	5		
	1		3	6	5		2	
7		3		2		4		1
		2		4	1		3	

1	3		6		4	2		7
2		5			3	6	1	4
6	4		1		2		5	3
	2		4	3		1	8	
		4		1		3		2
3		1	2		9	5	4	
4	1		3	6	5		2	
7		3		2		4		1
		2		4	1		3	

1	3	8	6	5	4	2		7
2		5	8	7	3	6	1	4
6	4	7	1		2	8	5	3
5	2	6	4	3	7	1	8	
	8	4	5	1	6	3	7	2
3	7	1	2	8	9	5	4	6
4	1		3	6	5	7	2	8
7	5	3		2	8	4	6	1
8	6	2	7	4	1		3	5

1	3	8	6	5	4	2	9	7
2	9	5	8	7	3	6	1	4
6	4	7	1	9	2	8	5	3
5	2	6	4	3	7	1	8	9
9	8	4	5	1	6	3	7	2
3	7	1	2	8	9	5	4	6
4	1	9	3	6	5	7	2	8
7	5	3	9	2	8	4	6	1
8	6	2	7	4	1	9	3	5

포인팅 트레이닝 [숫자 순서 찾기]

10, 20, 30, 40, 50, 60, 70, 80번 문제는 모두 찾을 수 있는 숫자의 순서가 정답 코드입니다. 모두 찾을 수 있는 숫자가 여러 개일 경우 작은 숫자를 먼저 포인팅합니다.

1		7	5					
		9		6				
2	4			8	7			
9				2		5		
	1	5	3		6	2	4	
		6		4				1
			7	1			6	4
				5		3		
					4	7		8

→ 4

1		7	5			4		
		9	4	6				
2	4			8	7			
9		4		2		5		
	1	5	3		6	2	4	
		6		4				1
			7	1			6	4
4				5		3		
					4	7		8

→ 6

1	6	7	5	9		4	8	
	8	9	4	6				7
2	4			8	7	6	9	
9		4	8	2		5	7	6
8	1	5	3	7	6	2	4	9
7		6	9	4		8		1
			7	1	8	9	6	4
4	7	8	6	5	9	3		
6	9				4	7		8

모두 찾을 수 있는 숫자는 1과 5입니다.
작은 숫자 1 먼저 포인팅합니다.

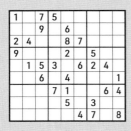

← 1

1	6	7	5	9		4	8	
	8	9	4	6		1		7
2	4		1	8	7	6	9	
9		4	8	2	1	5	7	6
8	1	5	3	7	6	2	4	9
7		6	9	4		8		1
			7	1	8	9	6	4
4	7	8	6	5	9	3	1	
6	9	1			4	7		8

모두 찾을 수 있는 숫자는 2와 5입니다.
작은 숫자 2 먼저 포인팅합니다.

→ 2

1	6	7	5	9	2	4	8	
	8	9	4	6		1	2	7
2	4		1	8	7	6	9	
9		4	8	2	1	5	7	6
8	1	5	3	7	6	2	4	9
7	2	6	9	4		8		1
		2	7	1	8	9	6	4
4	7	8	6	5	9	3	1	2
6	9	1	2		4	7		8

모두 찾을 수 있는 숫자는 3과 5입니다.
작은 숫자 3 먼저 포인팅합니다.

→ 3

1	6	7	5			4		
		9	4	6				
2	4			8	7	6		
9		4		2		5		6
	1	5	3		6	2	4	
		6		4				1
			7	1			6	4
4			6	5		3		
6					4	7		8

7

1	6	7	5			4		
		9	4	6				7
2	4			8	7	6		
9		4		2		5	7	6
	1	5	3	7	6	2	4	
7		6		4				1
			7	1			6	4
4	7		6	5		3		
6					4	7		8

9

1	6	7	5	9		4		
		9	4	6				7
2	4			8	7	6	9	
9		4		2		5	7	6
	1	5	3	7	6	2	4	9
7		6	9	4				1
			7	1		9	6	4
4	7		6	5	9	3		
6	9				4	7		8

8

1	6	7	5	9	2	4	8	3
	8	9	4	6	3	1	2	7
2	4	3	1	8	7	6	9	
9	3	4	8	2	1	5	7	6
8	1	5	3	7	6	2	4	9
7	2	6	9	4		8	3	1
3		2	7	1	8	9	6	4
4	7	8	6	5	9	3	1	2
6	9	1	2	3	4	7		8

5

1	6	7	5	9	2	4	8	3
5	8	9	4	6	3	1	2	7
2	4	3	1	8	7	6	9	5
9	3	4	8	2	1	5	7	6
8	1	5	3	7	6	2	4	9
7	2	6	9	4	5	8	3	1
3	5	2	7	1	8	9	6	4
4	7	8	6	5	9	3	1	2
6	9	1	2	3	4	7	5	8

정답 코드

4-6-7-9-8-1-2-3-5

포인팅 트레이닝 [숫자 순서대로 찾기]

- 포인팅 트레이닝을 위해 히든 싱글 방에서 찾기와 풀 하우스만 사용하여 숫자 순서대로 모두 찾아가며 풀어보세요.
- 처음 찾아야 하는 숫자는 문제 번호의 일의 자리수와 동일한 1입니다.
- 다음 찾아야 하는 숫자는 2 ➡ 3 ➡ 4 ➡ 5 ➡ 6 ➡ 7 ➡ 8 ➡ 9 입니다.

001

1			6		4			7
		5				6		
6	4		1		2		5	3
	2			3			8	
		4				3		
		1	2		9	5		
	1		3	6	5		2	
7		3				4		1
				4				

002

			3					2
8		9		7				4
	3		8		2	5		
4		2	9			7	8	
				2				
	5	6			8	4		3
		3	1		7		9	
7				4		2		5
6					3			

003

		9	6			1		3
	4		3				5	
1					2			4
3	5		8			7		
				7				
		4			1		9	8
8			5					6
	3				7		8	
6		2			4	3		

004

	5		1		6		2	
6	4					3		
		1	8		5		4	
4		5					7	
			8	7				4
8		7		6		5		
	8				1		9	3
5		2	6			1		
				7		2		6

005

9	7				4			1
		3	6	5		7		
5	4						6	
	5				7			6
	8			2			7	
6			8				5	
	1						2	5
		8		9	5	6		
4			1				8	9

006

6		4				8		3
	7		8		1		6	
8				9				7
		6	5		7	4		
1				3				9
		1	9		6	3		
		7		2		1		
3	2		4		5		8	6

007

	8			3		4	5	
7		9			2			8
			5		1			9
	7				3		2	
		6		7		8		
	1		4				9	
1			8		7			
5			2			1		3
	9	8		1			7	

008

9	2	1						4
			8	4				
		3			2			
	9		7	6			1	
8	5						2	9
	6			5	9		8	
			6			5		
				1	7			
7						3	9	8

009

9						4		
	1		6	3		8		2
		2		8				9
	2				7			1
	7	9			4		8	
			5	9				
2	3					6		
				1			4	5
	4	6	7				3	

포인팅 트레이닝 [숫자 순서 찾기]

- 포인팅 트레이닝을 위해 히든 싱글 방에서 찾기와 풀 하우스만 사용하여 모두 찾을 수 있는 숫자의 순서를 찾아가며 풀어보세요.
- 모두 찾을 수 있는 숫자가 여러 개일 경우 작은 숫자를 먼저 포인팅합니다.
- 모두 찾을 수 있는 숫자의 순서가 정답 코드입니다.

010

			2		5			
2		7		1		5		6
	4						2	
			4		6			
	1	8				7	4	
3				9				5
8			6		7			2
	7	5		4		3	6	
			9	3	8			

정답 코드

(– – – – – – –)

코드 정답 : 355쪽

25

011

	8	1		2				
4			7					
2				5	9		3	
	3	6			2			5
	7			6			8	
5			1			3	4	
	5		3	4				1
					8			9
				1		2	6	

012

1				4				3
			2		3			
5		3		6		7		4
	9						2	
2		8		7		9		5
	4		6		9		8	
	3			8			4	
		7				3		
6			3		5			2

포인팅 트레이닝 [숫자 순서대로 찾기]

- 포인팅 트레이닝을 위해 히든 싱글 방에서 찾기와 풀 하우스만 사용하여 숫자 순서대로 모두 찾아가며 풀어보세요.
- 처음 찾아야 하는 숫자는 문제 번호의 일의 자리수와 동일한 3입니다.
- 다음 찾아야 하는 숫자는 4 ➡ 5 ➡ 6 ➡ 7 ➡ 8 ➡ 9 ➡ 1 ➡ 2 입니다.

013

8			6			5		
	3				4		9	
	6			8				1
9			4				6	
		7		3		4		
	5				6			8
3				7			1	
	7		5			3		
		4			8			5

014

		9				7		
	6		7		5		4	
2			3		1			8
	4	3		5		8	6	
	8	1		7		4	5	
1			8		6			3
	5		9		4		2	
		2				9		

015

5		2				9		8
			1		8			
	6			7		5	4	
	7				5			
9		3		1		4		7
			9				6	
	5	9		8			2	
			3		6			
8		7				1		6

016

	1				3		5	
4				5		9		6
8			6		7		4	
	9					1		
	2		8		9		3	
		7					2	
	4		3		5			7
6		2		8				1
	8		1				6	

017

	8		7					
7			9	3			2	
		1			6	8		
3	5			4			9	
	6		2				1	
		7			9			2
		3				7		
	9		1	8			5	
					3			8

018

		6			3		4	
		1	8	2				9
8	9			5				
	1		3					2
	5	8		9		7	1	
9					8		5	
				4			6	1
2				3	9	8		
	4		6			3		

019

		5					3	2
	3		1			7		6
2		6			4			
	1			3				
			2			9	1	
		9			8		6	5
	6			7				4
5				9	3		2	
9	4				1	8		

포인팅 트레이닝 [숫자 순서 찾기]

- 포인팅 트레이닝을 위해 히든 싱글 방에서 찾기와 풀 하우스만 사용하여 모두 찾을 수 있는 숫자의 순서를 찾아가며 풀어보세요.
- 모두 찾을 수 있는 숫자가 여러 개일 경우 작은 숫자를 먼저 포인팅합니다.
- 모두 찾을 수 있는 숫자의 순서가 정답 코드입니다.

020

		4	8	6			1	
2	6						9	
		1	3			4		8
						2		1
8								6
6		3						
1		7			5	3		
	5						7	9
	8			4	9	1		

정답 코드

(– – – – – – –)

코드 정답 : 355쪽

31

021

	2		8	4			1	
		3			7	5		
			1				6	4
6				3	8	4		
	1			6			2	
		5	7	2				8
3	8				5			
		4	2			1		
	6			7	9		4	

022

	5	4					2	9
2						3		6
1				8	3		4	
	4		5			2		
6		9				7		
			7		6			
	3	1		6				5
		7			4			1
				3		4	8	

023

	4			2			3	1
3	5		8			6		
			7			4		
	3	6			9		4	
1				3				5
			5		8		9	
	1	8					5	
9			6		4	3		
2				7				4

024

	4			3		2		
5				2			3	
			1				7	4
		5				6		
2	3			8	4			
				9		8	5	
6			7		8			5
	1	4			6			9
		2				7	6	

포인팅 트레이닝 [숫자 순서대로 찾기]

- 포인팅 트레이닝을 위해 히든 싱글 방에서 찾기와 풀 하우스만 사용하여 숫자 순서대로 모두 찾아가며 풀어보세요.
- 처음 찾아야 하는 숫자는 문제 번호의 일의 자리수와 동일한 5입니다.
- 다음 찾아야 하는 숫자는 6 ➡ 7 ➡ 8 ➡ 9 ➡ 1 ➡ 2 ➡ 3 ➡ 4 입니다.

025

	2	4				9	6	
	5			9			3	
		8				5		
	3		7		6		5	
7			5	1	8			9
	4						8	
6	1		4		9		2	3
		5	3		7	6		
				8				

026

		9	6		8	5		
	5			1			8	
		7				9		
2	6		4		3		7	1
				8				
		8	2		1	6		
		6	3		9	7		
4								2
	9			7			5	

027

		4		5	1			7
	6		2			8		
7		8		3			9	
3					8			9
	8						1	
1			7					6
	9			2		7		4
		5			4		2	
4			9	7		1		

028

						9		
	8	2	3		9		1	
6					5		4	
	6	1	9		4		8	
				3				
	9		1		8	2	3	
	1		2					8
	4		8		3	5	9	
		7						

029

	2			4		9		
	8		5		3		6	
6			9					1
		2			6	5		
1	7						9	4
		9	1			3		
3					2			5
	4		8		1		3	
		5		7			2	

포인팅 트레이닝 [숫자 순서 찾기]

- 포인팅 트레이닝을 위해 히든 싱글 방에서 찾기와 풀 하우스만 사용하여 모두 찾을 수 있는 숫자의 순서를 찾아가며 풀어보세요.
- 모두 찾을 수 있는 숫자가 여러 개일 경우 작은 숫자를 먼저 포인팅합니다.
- 모두 찾을 수 있는 숫자의 순서가 정답 코드입니다.

030

		8			9	5		
	6						7	
7				4	1	3		
4		7	3					8
	8						5	
2					6	9		4
		1	8	9				2
	2						1	
		3	1			7		

정답 코드

(-   -   -   -   -   -   -   -   )

코드 정답 : 355쪽

031

		8		2	4	6		5
			8			2		7
2		1			5			
	3			1		5		
8			9				6	
1		4			6			2
3	8		2			9		
				3			4	
4	7				1			3

032

3				7	8			
	1		6			9	2	
		7			5		3	
	2					7	1	
4				3				6
	6	5					8	
	5		4			2		
	8	9			7		5	
			2	5				9

033

8				3					5
	9		8		7		4	
		7		9		1		
	1						2	
9			4		5			3
		6				5		
6			3		2			4
	4			8			1	
3		5				6		7

034

8					5			9
	7			4			5	
4		2		6		8		
	1		4			5		
7	8						4	1
		4			9		6	
		8		7		1		6
	6			9			7	
2			5					4

035

	7	4			5	3		
3			7				6	
		9	2	8				7
		3			2			1
		5		6		8		
9			1			5		
5		2		7	1	4		
	8				6			9
		6	5			2	1	

036

9			8		1			2
	5		4		9		3	
	8		6		5		7	
6								9
		7		1		6		
	1						4	
3		1				7		4
	9			8			6	
8			7		6			3

포인팅 트레이닝 [숫자 순서대로 찾기]

- 포인팅 트레이닝을 위해 히든 싱글 방에서 찾기와 풀 하우스만 사용하여 숫
  자 순서대로 모두 찾아가며 풀어보세요.
- 처음 찾아야 하는 숫자는 문제 번호의 일의 자리수와 동일한 7입니다.
- 다음 찾아야 하는 숫자는 8 ➡ 9 ➡ 1 ➡ 2 ➡ 3 ➡ 4 ➡ 5 ➡ 6 입니다.

037

7				9		5		8
	2				8		9	
		1	4		3			
		9	1			8		3
6				8				7
3		5			7	2		
			5		4	1		
	3		2				7	
2		4		7				9

038

		2	6	1				
	8				9		2	
1				4		9		8
3					1		9	
8		7		3		6		5
	5		8					2
9		5		2				6
	3		5				1	
				8	4	3		

039

	9	5				1		
2			1		6		5	
7			9			8		3
	7	3	5					9
				4				2
	4				1	7	3	
6		9			2			
	1				9			
		7	4	3				

포인팅 트레이닝 [숫자 순서 찾기]

- 포인팅 트레이닝을 위해 히든 싱글 방에서 찾기와 풀 하우스만 사용하여 모두 찾을 수 있는 숫자의 순서를 찾아가며 풀어보세요.
- 모두 찾을 수 있는 숫자가 여러 개일 경우 작은 숫자를 먼저 포인팅합니다.
- 모두 찾을 수 있는 숫자의 순서가 정답 코드입니다.

040

		6	3			5	4	
	4	9						
7	1				8	6		
6			1				8	
				7		2		4
		2				9		
1		3		8	9			6
4			5				1	
				2		3		

정답 코드

(_ _ _ _ _ _ _ _)

코드 정답 : 355쪽

041

6				5				
	3	1			7	6		
	5	2	6	4			9	
		3						1
1		4				3		2
	8					5		
	2			8		7		
		7			9	2		4
			1	7			3	

042

5		3				4		
		8	2		5		6	
2				6				5
					2	3		7
	1			4			2	
7		4	9					
6				3				8
	9		8		1	5		
		7				9		4

043

		4				6		
	2	5				4	8	
3				5				2
1			4		3			9
	6	8				5	7	
	3		7		5		1	
		6		7		1		
		9				3		
	7		8		1		4	

044

5				1				4
		6				7		
1	4		6	2	5		9	3
		9		8		5		
		2				4		
3			4		6			7
	8						1	
		5		4		6		
9			7		8			2

045

	5	4				3	9	
	1		6		7		2	
			3		5			
		6				2		
	7			5			8	
5			8		6			9
7		3				4		6
	2						1	
			5	7	8			

046

7								5
	1			9			4	
			6		8			
4			9		7			8
	6	8		1		7	2	
9		1				6		4
			7		6			
	2			4			3	
5		6	3		2	4		1

047

	9	6	8			5		7
1				4			6	
7		2					3	
	2				3			
		9		1		4		
			7				8	
	8					2		1
	1			9				8
2		5			4	3	7	

048

			3		9		1	
	2			4				8
6							9	7
3			6			9	8	
4		1				2		6
	6	2			4			5
1	9							3
8				9			5	
	7		8		1			

포인팅 트레이닝 [숫자 순서대로 찾기]

- 포인팅 트레이닝을 위해 히든 싱글 방에서 찾기와 풀 하우스만 사용하여 숫자 순서대로 모두 찾아가며 풀어보세요.
- 처음 찾아야 하는 숫자는 문제 번호의 일의 자리수와 동일한 9입니다.
- 다음 찾아야 하는 숫자는 1 ➡ 2 ➡ 3 ➡ 4 ➡ 5 ➡ 6 ➡ 7 ➡ 8 입니다.

049

	8		9		3		7	
1		4				9		2
	9	6				8	3	
			1	4	9			
	5	3				2	9	
		1	5		6	3		
	7			9			4	
2								7

포인팅 트레이닝 [숫자 순서 찾기]

- 포인팅 트레이닝을 위해 히든 싱글 방에서 찾기와 풀 하우스만 사용하여 모두 찾을 수 있는 숫자의 순서를 찾아가며 풀어보세요.
- 모두 찾을 수 있는 숫자가 여러 개일 경우 작은 숫자를 먼저 포인팅합니다.
- 모두 찾을 수 있는 숫자의 순서가 정답 코드입니다.

050

		6				5		
	1				7		8	
4		7	5					1
			9				7	
3		8		2		6		4
	7				3			
1					8	4		3
	8		4				5	
		2				8		

정답 코드

(_ _ _ _ _ _ _ _)

코드 정답 : 355쪽

히든 싱글 Hidden Singl [줄에서 찾기]

숫자를 줄로 포인팅(Pointing)하여 유일한 칸에 숫자를 채웁니다.

1			3					
					2			3
		8						4
							6	
	3	4		6	7	8		5
	5				8			
	6			9				7
			1				5	
		7				4		

5번째 가로줄 히든 싱글 1 ➡ 9번째 세로줄 히든 싱글 1
➡ 7번방 히든 싱글 1 ➡ 4번방 히든 싱글 1 ➡ 5번방 히든 싱글 1
➡ 2번방 히든 싱글 1 ➡ 3번방 히든 싱글 1

포인팅 트레이닝 [숫자 순서대로 찾기]

- 포인팅 트레이닝을 위해 히든 싱글 방에서 찾기와 풀 하우스만 사용하여 숫자 순서대로 모두 찾아가며 풀어보세요.
- 방에서 찾을 수 있는 숫자가 더 이상 없을 때 줄에서 히든 싱글을 찾아보세요.
- 처음 찾아야 하는 숫자는 문제 번호의 일의 자리수와 동일한 1입니다.
- 다음 찾아야 하는 숫자는 2 ⇒ 3 ⇒ 4 ⇒ 5 ⇒ 6 ⇒ 7 ⇒ 8 ⇒ 9 입니다.

051

1		8			3			
		7		9		1	6	
2	4			5			3	
			2					1
	6	1				7	4	
5					4			
	2			8			1	7
	3	5		1		6		
			9			8		3

힌트
300쪽

052

2		5					8	1
1					3	9		
	9		4		2		3	
	8			2		3	7	
				5				
	5	7		3			4	
	4		2		5		9	
		3	6					4
6	7					2		8

힌트
300쪽

053

			8		7			
	2	7		5			3	
3		4				5		7
4		8				6		2
			4		3			
	1		9		2		8	
5		6				3		4
	4						7	
8			1		6			5

힌트
300쪽

054

	3			2			7	
5			4		7			2
	2		6		8		4	
		4				1		
				1				
6			7		5			4
	1			7			5	
	5			4			8	
7		6	5		3	9		1

힌트 300쪽

055

1			5	4				
	7			1	8		2	
						9		1
6				9		2	7	
2	3		7		5			6
	5			2		8		
		9	6		4			2
	6		8				5	
		1		3		7		

힌트 300쪽

056

3		5			6			9
	2			1			6	
		8	3			5		
		3			8			7
	1			7			4	
		9				6		
		1	4		7	9		6
	7			5			3	
6								8

힌트
300쪽

057

							3	
			5	1			2	
		7			9	6		
	4			9	1			
	3		2		8		7	
		8	3	7		4	9	
		1			7			8
9	6			8	2			7
						1	4	

힌트
300쪽

058

	4		9		3		5	
1		3				8		2
			8		1			
3				9				8
	2	5				4	3	
6				4				5
2				3				9
	9		7		6		4	
		8				1		

힌트
300쪽

059

	6		2	9	4		1	
1		2				4		5
9				5				8
			9		5			
		3		1		6		
	5			8			2	
		1				9		
4				2				3
	9		3		1		8	

힌트
300쪽

포인팅 트레이닝 [숫자 순서 찾기]

- 포인팅 트레이닝을 위해 히든 싱글 방에서 찾기와 풀 하우스만 사용하여 모두 찾을 수 있는 숫자의 순서를 찾아가며 풀어보세요.
- 방에서 찾을 수 있는 숫자가 더 이상 없을 때 줄에서 히든 싱글을 찾아보세요.
- 모두 찾을 수 있는 숫자가 여러 개일 경우 작은 숫자를 먼저 포인팅합니다.
- 모두 찾을 수 있는 숫자의 순서가 정답 코드입니다.

060

	7			1			9	
			4		3			
1		5				7		6
	9						1	
5		6	1		9	3		7
4		8				9		5
			5		1			
	6			9			2	
		7				4		

힌트
300쪽

정답 코드

(– – – – – – – –)

코드 정답 : 355쪽

56

061

			8		9	6		
		5		3				7
3	2						4	1
	3			5	1		2	
		6				8		
	5		7	9			1	
1	6						3	4
4				1		7		
		3	4		2			

힌트
300쪽

062

		2				6		
	5			9			8	
	6		4		5		3	
		5	3		2	1		
9				1				6
	2	8				4	7	
3			9		7			4
			1		4			
		7		8		2		

힌트
301쪽

포인팅 트레이닝 [숫자 순서대로 찾기]

- 포인팅 트레이닝을 위해 히든 싱글 방에서 찾기와 풀 하우스만 사용하여 숫자 순서대로 모두 찾아가며 풀어보세요.
- 방에서 찾을 수 있는 숫자가 더 이상 없을 때 줄에서 히든 싱글을 찾아보세요.
- 처음 찾아야 하는 숫자는 문제 번호의 일의 자리수와 동일한 3입니다.
- 다음 찾아야 하는 숫자는 4 ➡ 5 ➡ 6 ➡ 7 ➡ 8 ➡ 9 ➡ 1 ➡ 2 입니다.

063

	4	8		9		3		
	5		7		1		9	
		1	6	2		7		
4			3		8			6
		3		1	5	4		
	7		4		9		5	
		9		3		6	8	

힌트
301쪽

064

		9				5	7	
		1	8		4			9
7	6			1				
	3		2			9	8	
		6						5
	8					6		4
3			1		8	7		
4			9					
	5			4	2			

힌트
301쪽

065

	4							
2		7	5				8	
	6	1		7	9	2		
	9				5	8		
		8				6		
		5	3				7	
		2	9	4		7	5	8
	8				6	1		
						3		2

힌트
301쪽

066

		1						
	5		6			9	7	
6		2		8	3			
		9	2			6		1
	4		8		6		9	
2		8			5	4		
			9	1		8		3
	7	6			8		4	
						7		

힌트
301쪽

067

1					2			7
	7			9			2	
		4	8		3	5		
				1			7	
8			9		5			2
	9			6				
		3	4		7	8		
	1			5			4	
4			3					9

힌트
301쪽

068

	1			8	5			3
7		9						
				3	4		7	2
		1	6					4
	6						2	
9					2	8		
5	8		3	1				
						9		8
3			2	4			6	

힌트
301쪽

069

	4			1			9	
9		6			3			5
	2		4			1		
		5			2		6	
3								9
	7		3			5		
		4			1		7	
8			6			2		1
	3			9			4	

힌트
301쪽

포인팅 트레이닝 [숫자 순서 찾기]

- 포인팅 트레이닝을 위해 히든 싱글 방에서 찾기와 풀 하우스만 사용하여 모두 찾을 수 있는 숫자의 순서를 찾아가며 풀어보세요.
- 방에서 찾을 수 있는 숫자가 더 이상 없을 때 줄에서 히든 싱글을 찾아보세요.
- 모두 찾을 수 있는 숫자가 여러 개일 경우 작은 숫자를 먼저 포인팅합니다.
- 모두 찾을 수 있는 숫자의 순서가 정답 코드입니다.

070

3			7			5		
	6			4			8	
		9			2			1
1					3	4		
	5			6			7	
		8	9					5
2			8			3		
	4			5			6	
		7			1			9

힌트
301쪽

정답 코드

(_ - _ - _ - _ - _ - _ - _ - _ - _)

코드 정답 : 355쪽

071

		8	7				2	
				8			4	
	9	5	6	4		7		
1			3			8		
5	3			9			7	2
		7			6			1
		9		6	4	3	1	
	1			5				
	2				7	6		

힌트 301쪽

072

7		4	5		2	1		8
	5						6	
9			4		3			2
		5				9		
				7				
2			6	3	4			5
	6			8			3	
		8	7		1	2		
4								9

힌트 301쪽

073

힌트
301쪽

7			4		2			9
	9			3			7	
		5				6		
	7		1	5	8		3	
3								4
	6		3	4	9		2	
		4				5		
	3			7			9	
6			5		1			8

074

힌트
302쪽

						5		
		8	7		2		4	
	2			4	5			1
	1				8	9	3	
		7		6		1		
	9	4	1				8	
9			4	8			7	
	5		6		7	2		
		6						

포인팅 트레이닝 [숫자 순서대로 찾기]

- 포인팅 트레이닝을 위해 히든 싱글 방에서 찾기와 풀 하우스만 사용하여 숫자 순서대로 모두 찾아가며 풀어보세요.
- 방에서 찾을 수 있는 숫자가 더 이상 없을 때 줄에서 히든 싱글을 찾아보세요.
- 처음 찾아야 하는 숫자는 문제 번호의 일의 자리수와 동일한 5입니다.
- 다음 찾아야 하는 숫자는 6 ➡ 7 ➡ 8 ➡ 9 ➡ 1 ➡ 2 ➡ 3 ➡ 4 입니다.

075

	4						6	
5		8				7		2
3			9		5			8
		7		8		3		
	6						5	
9				4				1
	7		1		6		8	
		3		9		2		
1	8		2		4		7	5

힌트 302쪽

076
힌트
302쪽

			1		8			
		2				4		
5	1	4				3	8	6
4			6		7			9
		5				7		
	2						3	
6	5			2			1	8
2			8		9			3
		7				6		

077
힌트
302쪽

8				4				9
	2		1		9		8	
4		3				2		7
5		7		6		1		8
		9	7		8	6		
	5			1			9	
2			8		3			6
				7				

078

	4			6			9	
5			2		1			8
	2	9				1	5	
			8		3			
				7				
	3		9		6		1	
2				4				9
	1		6		8		3	
		8				2		

힌트
302쪽

079

	2	1			9			
4				5				
	3	9	1				5	6
7					8	9	2	
6								4
	5	4	2					1
3	9				5	4	6	
				8				7
			9				1	3

힌트
302쪽

포인팅 트레이닝 [숫자 순서 찾기]

- 포인팅 트레이닝을 위해 히든 싱글 방에서 찾기와 풀 하우스만 사용하여 모두 찾을 수 있는 숫자의 순서를 찾아가며 풀어보세요.
- 방에서 찾을 수 있는 숫자가 더 이상 없을 때 줄에서 히든 싱글을 찾아보세요.
- 모두 찾을 수 있는 숫자가 여러 개일 경우 작은 숫자를 먼저 포인팅합니다.
- 모두 찾을 수 있는 숫자의 순서가 정답 코드입니다.

080

					9		1	
			8			6		
8		5	6		2		3	
	7			9		1		
5		1	2		4	8		7
		8		6			2	
	8		4		6	7		9
		4			3			
	9		1					

힌트
302쪽

정답 코드

(– – – – – – – –)

코드 정답 : 355쪽

인터섹션 Intersection

숫자를 다른 방으로 포인팅했을때 후보칸이 동일한 가로줄 또는 세로줄인 경우 그 방향으로 포인팅을 이어갑니다.

9	3	6				4	2	
4	1	5				8	9	
6		7				3		
8		9	3		5	6	7	
				4				
7			4		6			
				7			5	1
					9			

1번방 인터섹션 1 ➡ 6번방 인터섹션 1

➡ 3번방 히든 싱글 1 & 5번방 인터섹션 1 ➡ 8번방 히든 싱글 1

➡ 2번방 히든 싱글 1 & 7번방 히든 싱글 1 ➡ 4번방 히든 싱글 1

숫자를 줄로 포인팅(Pointing)하여 찾는 히든 싱글은 인터섹션으로 찾을 수도 있습니다.

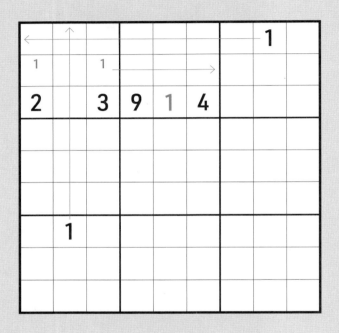

3번째 가로줄 히든 싱글 1 = 2번방 인터섹션 1

인터섹션 트레이닝

- 인터섹션 트레이닝을 위해 처음 찾는 숫자를 인터섹션으로 찾아보세요.
- 처음 찾아야 하는 숫자는 문제 번호의 일의 자리수와 동일한 1입니다.

081

	9				6			
5		8		2		1		
	4		9		3		2	
	5		3		7		6	
		1		9		4		2
	8		6		2		3	
3				6				7
	2		4		9		1	
		4				2		

힌트
302쪽

082

		3				1	2	
	1		5				7	4
	2			1				5
	3		9		8		5	
		2				3		
	6		3		1		8	
3				6			1	
2	7				4		9	
	9	4				7		

힌트
302쪽

083

6						5	1	
	5	2					6	8
	8	3		9		4		
			1		8			
		6		7		8		
			5		2			
5		9		1		2	4	
8	4					1	5	
	3	1						7

힌트
302쪽

084

3			4					
		1			3		7	
	2		5					8
1			6	7			8	
			8	9			6	
	6		1					9
7			2				1	
5	3		9			4		
2	1				5			6

힌트
302쪽

085

			2	1		5		
		5				8		
8	1		6			9	4	
				5		6		
1	4	6						
		8	4		2	1	3	
	8	4			1			6
7					6			1
	2	1	5			4	9	8

힌트
302쪽

086

					9			5
					2		3	
	9	4	3		8	2		
9		3		1			5	4
8		5		3				
1		6		8			2	3
	8	2	7		3	6		
				4			7	
				1				9

힌트
303쪽

087

	6		3					2
		5		7				6
	9				2		8	
6				2		1		
	8		1		5	6	9	
		3		9				4
	2		5	8			1	
7				6		2		
5					4		6	

힌트
303쪽

088

			3			9		
	5			7		6		
		1	8	6	4			5
5	2	4	1					
	3			8		1	4	
					3		5	9
1			6	5		2		
		9		4			8	
		5			9			

힌트
303쪽

089

			5	4	3		6	9
					2			4
		3			1			7
4			3				8	
6				8		9		
3	8	2			5			
				1			9	3
2			4			1		
1	3	6				2		

힌트
303쪽

인터섹션 트레이닝

- 인터섹션 트레이닝을 위해 처음 찾는 숫자를 인터섹션으로 찾아보세요.
- 인터섹션으로 처음 찾을 수 있는 숫자는 무엇일까요?

090

			3		7			9
		8		9		4	3	
	7		1				8	
8		6				3		2
				5				
5		2				9		8
	2				1		6	
	3	9		7		5		
4			6		5			

힌트
303쪽

091

	3				6	2		
			1				3	
		1		2				5
	1	9	3	6				4
		4		5		6		
2				1	7	3	9	
6						9		
	7				2			
		3	5				8	

힌트
303쪽

092

	3	4	9				5	
	2							7
6					5	9	2	3
4			1				7	
		7		6	4	2		
	6				8			4
8	7	3	4					5
1							6	
	9				1	7	4	

힌트
303쪽

인터섹션 트레이닝

- 인터섹션 트레이닝을 위해 처음 찾는 숫자를 인터섹션으로 찾아보세요.
- 처음 찾아야 하는 숫자는 문제 번호의 일의 자리수와 동일한 3입니다.

093

						7	8	
6	1				4			2
		2			5			3
			4			6	1	
1				5	6			
4	9		8		7	3		
		1				2	3	
	6		3				4	
9			6	2				1

힌트
303쪽

094

4								3
	6			7			2	
		8		2		6		
		1	9		2	5		
	8			3			6	
		5	8		1	9		
		4		9		2		
	3			5			7	
9			6		8			4

힌트
303쪽

095

				7	3			
		1	8			7		6
	7			4			1	
	6			2			4	
1		5	4		6			3
3				1			9	
	8						6	
		9	7			1	5	
	1			6				

힌트
303쪽

096

1	2	5		3	6	9		
		3				8		
	6				5			
8		9		7		2		
		4	3	6		5	9	1
				1				9
			9				1	
9		7		2		3		8

힌트
303쪽

097

9				5				
	7		6		8	4		
		5					7	
	1		3				6	
8						9		4
	6				4			
	3			9		8		
		7	1				2	
				4				

힌트
303쪽

098

8								2
		5		2		3		
1				5				6
	8						2	
4			6		2			3
	1	3				6	7	
3		8		7		2		4
		2		1		9		
9								8

힌트
304쪽

099

		8				6		
	4		7		2		8	
1		3		9		4		7
		1		4		7		
	8			7			6	
		5		8		3		
	2						9	
		4		2		5		
	9		5		3		1	

힌트
304쪽

인터섹션 트레이닝

- 인터섹션 트레이닝을 위해 처음 찾는 숫자를 인터섹션으로 찾아보세요.
- 인터섹션으로 처음 찾을 수 있는 숫자는 무엇일까요?

100

						2		
				7	5	4	3	
		8				6		
					8			1
	3			4			6	
	7		9			5		
5	4	9			6			
	6			9				4
			1				7	

힌트
304쪽

초급

실전 문제
101~300

여러 가지 기법으로 숫자를 찾을 수도 있으나 히든 싱글과 인터 섹션만으로도 쉽게 풀 수 있는 문제입니다.

101

		2	1			7		
	9				3		4	
	7				2		5	
		5	4			1		
8		7		9		5	3	
4		3		1		8		7
2		9		7		3		5
	8			5		4	9	

102

						4	6	
	2	3			9			7
4			5		8			3
7			8			1	2	
	5	6				3		
		4			1			
			9	5			4	
	6			8		5		
		8	7		3			

103

		5	1	2	3	9		
				6				
	6			4			7	8
2		4		8		5		
5		7		3		4		
6	9			5			1	
1		3						7
8		2						4
	4					3	5	

104

			3		5			
	6			1			9	
		7				6		
7	3						2	1
	5			9			7	
			1		6			
		9				3		
8		1				7		4
			5		8			

105

			4		9			
	7			3			4	
9		8				5		7
			3		2			
		9				2		
		7				4		
	3			6			2	
8		2				1		6
			5		7			

106

1			3			2		
		5				7		
	7		8				6	4
8		7	4					
				8				
					5	1		6
2	9				6		1	
		1				3		
		8			7			2

107

	3						7	
1	7						4	3
			3		6			
		1	5		7	2		
		9	1		4	8		
			2		5			
7	5						6	1
	4						3	

108

						2		
		7		6		1		
3	1				9		4	
		2	4		7			
	4						8	
			6		5	7		
	5		1				6	3
		8		3		5		
		6						

109

		3	2		1			
					6			4
5				9			2	
3				8	7			
		5	6					
2	7		3			9	8	
					2			9
		6			3		1	
	9					8		

110

						3	4	
	7	4			8			9
3			2			7	1	
5			1					
	9	8				4	2	
					2			5
	4	1			3			7
2			7			1	6	
	8	6						

111

	2		8					4
5		1				3		
	7			4				9
1					7			
		5					9	
			2			8		7
	6				5		2	
				3		9		
3		4			1			

112

		8						1
	2				9		3	8
7								
			8	1				7
	1	7				4	2	
5				9	2			
								2
4	5		1				8	
9						7		

113

	6						4	
9		5				7		8
	8		3		4		9	
		6	7		2	4		
		9	8		5	2		
	5		9		7		2	
6		7				3		1
	1						8	

114

7				9				6
	3		8		1		5	
		5				1		
	6	2				8	3	
8			4		2			5
	5	3				2	7	
		9				7		
	7		3		4		2	
5				7				3

115

	6	8						1
2			9		3			
3				2		4		
	9							
		1		5		9		7
	2				7		6	
		9		1				
					8			5
8				4			3	

116

		2	3	1		4		
	6					9		
		7	4	8		1		
						8		1
	5	1	2				3	
				7			5	
			5	6			9	
		3						
			1	4	8			

117

			7	3				
8		1			9	5		
		5					4	
			4				8	
		3		7				6
	9				3			5
3		4		6		1	9	
7			8					
	5	8					7	

118

		2	1		3	5		
				6				
	1						9	
5								2
		6	8		7	4		
3								6
	4	3				1	8	
				3				
		8	2		5	9		

119

	4	1				6	7	
	8		3		9		4	
		5		7		1		
4								6
		3		8		9		
	7		5		8		1	
	9	6				3	5	

120

							9	
		5	3	9				7
	7				5	4		
	5				4	1		
	1						7	
		2	6				8	
		9	2				3	
4				7	1	9		
	6							

121

1					5	8		
		6						3
	4	5					7	2
				6				
			7					4
4						3	1	
8					1			
		7			8		2	6
	5	2		3			8	

122

			7		3			
	2						6	
7		8				9		4
4			6		2			8
		9				7		
			5	2	9			
	8						9	
		1	4		7	3		

123

1			5		9			3
	7						2	
	9						6	
			8	1	7			
		8				6		
7	2						4	5
	6						7	
			2		5			
		2		6		9		

124

			5		7			
	5						7	
	3			6			4	
		7	8		4	2		
		3				5		
		5	2		1	8		
	6			7			9	
	9						2	
			9		8			

125

		5		4			9	
				7	6			2
3		9						
				2			5	
8			7		5			1
	1			9				
						9		7
9			3	8				
	2			5		4		

126

	1	2			6	3		
9			3				5	
8				4	5			7
	7					6		
		6		1		7		
		5					8	
7			4	3				9
	3				2			
		8	9			1		

127

			8	1			
			3			5		
		8			6			
	9			1		7	4	
7			5		4			3
	3	6		7			1	
			7			9		
		5			8			
			9	6				

128

3								8
	8		3		9		6	
			4		1			
		5				3		
	4			5			1	
7		8				2		5
			8		3			
		2				6		
	1		9		2		8	

129

			9		2			
	5			1			4	
		6		8		7		
9								6
	4			2			5	
7		5				4		8
				9				
	6			3			8	
4			1		5			9

130

5				6				4
	7		8	2	1		9	
		9				8		
	2						3	
9	4						1	8
	8						6	
		6				7		
	5		3	7	9		4	
1				5				2

131

					9	3		
	5						1	
1		2	3		5	4		
3		8	5		1	9		
		4	9		2	6		3
		9	1		8	5		7
	7						8	
		5	4					

132

	7						4	
5		4				8		6
			7		1			
7	4			3			1	5
8								9
			5		9			
1		6				7		2
	9			2			3	
			3		6			

133

		2	5				3	
	3					8		4
6				2			5	
8				5				
		7	9		6	4		
				8				1
	8			1				2
1		4					7	
	2				3	9		

134

				1				
			2		9			
	8						3	
2		7				8		6
				3				
9		6		7		1		3
1		5				2		4
	9		8		6		5	
				4				

135

6				3				7
	3		6				8	
		1				2		
		9				6		
	7		5		4		1	
		2				8		
		8				9		
	6				7		5	
5				2				8

136

		1						
		9		6		5	7	
3	4			2			8	
			3					
	7	5				9	4	
					4			
	3			1			5	9
	8	2		5		7		
						1		

137

5			6		4			7
		2		3		9		
		1	5		8	2		
8				1				2
		4	9		6	5		
				8				
	5						9	
1		7				4		5

138

	9			5			7	
		4			1			6
			2			3		
		5		6			4	
	1				3			2
3			9			7		
		6			7		5	
	2			9				4
			5					

139

3				5				1
				9				5
						4		2
		9			5		8	
	3		6		4		7	
	1		8			6		
7		2						
9				4				
5				1				8

140

				5	9			
5	7					9		
		6	4			3		8
					8			6
	4	7		2		8	1	
6			3					
4		1			6	2		
		2					9	5
			9	1				

141

	6							2
4			7			5	9	
			3		6			
	9			4				1
	2						4	
3				8			2	
			6		8			
	4	1			2			8
7							1	

142

				8				
		5	3			6		7
	4			7			1	
	8						2	
9		1		4		7		
					2		5	
	7			6				1
		3	9		4			
	1					9		

143

				9				
3						1	5	
					2			3
	9	5			3			7
1			5		6			4
4			8			2	6	
5			7					
	3	2						8
			4					

144

		3	4					
	7			3			1	
		2				5		8
			1		2			9
	6						4	
8			7		9			
4		9				3		
	8			7			6	
					4	2		

145

4							6	
	9			7			2	1
		8	2			7		
		7			3			
	6						4	
			9			3		
		5			7	4		
3	8			2			1	
	4							9

146

			5		9			
		8				1		
	3						5	
9			8		7			2
		7		9		4		
		1				6		
2	6			4			7	3
		9				8		
				3				

147

				1		7		
	4		9				2	
3								5
	7				8	6		
	2			3			7	
		4	1				9	
4								6
	6				9		4	
		1		7				

148

2						7	5	
	4	9						2
				1		8		
			9				6	1
	1						3	
5	9				4			
		8		3				
3						5	7	
	7	2						8

149

		4					5	
	5		1				6	2
2				7		3		
	8		6					
		7				6		
					5		9	
		3		4				8
5	9				2		7	
	6					1		

150

	3		8		6		9	
1								4
9				7				8
	9		1		2		8	
2			3		4			1
		5				1		
		8				4		
			6		3			

151

			6		7			
		4				6	7	
	9							3
	5			3	8			6
		9				2		
2			7	9			5	
4							8	
	8	3				9		
			3		2			

152

2								1
					8	7		
		7	3		4	5		
	6		5					
	8	9				3	6	
					9		2	
		3	1		7	9		
		5	6					
4								3

153

				2				
7	5						6	1
2		1				4		8
	8	9				7	3	
			2		4			
				3				
			6		7			
	2	3				9	5	
9								4

154

7	8					5		
6		1	4		9			
	9			5				
	1					3	7	
		3			6			9
	4			3	5			
8			1			7		
			2				3	
				9				4

155

1				8		4		5
	2				6		8	
5			9	7				
		1						
	6						3	
						7		
				2	4			9
	3		8				1	
2		8		5				7

156

			1		2			
		3				5		
	7		6		8		4	
				4				
1								7
	8						6	
		5		1		8		
		4		9		3		
7	2						1	5

157

4						8		
		6	5					
	7			9	1			5
	1		6			7		
		8				9		
		4			7		6	
6			4	2			9	
					8	2		
		2						1

158

		4		3		5		
	7		8		1		6	
		3				8		
			7		9			
		1		5		3		
	6						4	
9		8				6		7
				2				
				4				

159

			8		6			
7		2				3		9
	3						1	
		5				8		
		3		9		7		
			7		1			
1				4				8
	9						7	
			5		3			

160

			1		4			
		8				9		
	5						6	
3		7		1		4		8
			6		8			
		9				5		
		1				7		
	7		3		2		5	
9				6				3

161

		4				8		
8				9	6		3	
6		1	5					4
							2	
			8		3			
	7							
3					7	4		1
	9		1	5				7
		5				9		

162

	8			1	2			6
5			6			3		
		4			8			
	2					9		
9							8	1
6		1			4			
	1		7			2		
				3			9	
3				8				

163

					4			3
		9	1			5		
	8					7	2	
	4				2			6
			8		7			
9			5				4	
	3	1					5	
		4			9	2		
5			3					

164

	7				3	5	6	
8				2				
		5					7	9
				4				
	1		6				3	
2							9	
4								
9		1		7	5		2	
		6						4

165

		9						
	6				1	7		
3			2	9			4	
		3					7	
		6		5		1		
	7					6		
	1			7	6			5
		4	9				3	
						2		

166

5								
	6	4				3	1	9
			6				8	
			9			2		
8	9	1		5			7	
	5			3			6	
	3				8			
	1					6	9	
	7							8

167

	8	1			7		3	
	6	2			3		7	
2			3		8		5	
5			6		4	7	2	
	9	6		5				3
				8				6
				4				7
					1	2	9	

168

		2	1	9				
	3				7			
						8		9
	9		4	1		2		7
1		5				3		6
4		7		8	6		1	
6		4						
			2				5	
				6	9	7		

169

	6						2	3
		9			1	6		
			3	8				
	9	4				5	7	
			4		5			
	8	3				2	1	
				9	4			
		5	7			1		
3	1						6	

170

	1	7				9	8	
	8		3		2		7	
		4	5		6	8		
	9	2				6	1	
	7		8		3		2	
		9	1		7	4		
1								6

171

	2		8		7		3	
		6				1		
				3				
	8						6	
	3	9				7	5	
1			6		2			8
				9				
	7	2				9	4	
		5				2		

172

		5		3		8		
	6		1				9	
		2		6				7
							8	
		8		2		1		
	7							
8				5		9		
	3				7		4	
		1		8		2		

173

	9						6	
		8		3		5		
			5		4			
4								2
		1		6		9		
5			8		2			7
	8		9		7		3	
		6				1		
	7						9	

174

		6	1					
	7			3				
				2			9	
	3	2		5				9
1			2		8			5
4				7		1	8	
	1			9				
				8			3	
					7	5		

175

	3	1	9					
6				7				
5				6			1	
7				1		3		2
	8		3			1		9
		9					8	
		4					6	
			1			2		
				3	2			

176

3					6		7	
	4				5		9	
		6	4					
		9					6	4
					7			
2	8			1	9			
							4	
5	7		9			3		
			2					1

177

		5				7		
9		6		4		8		5
			1		2			
	8			9			7	
	3			7			8	
		2				4		
			8		6			
	9						5	
	1						2	

178

				7				
	5		3		4		6	
		8		9		2		
		7				1		
	4						2	
9		5				7		3
	7						4	
		1		2		6		
			5		1			

179

				5				
8		9				1		3
5	3						4	9
	2			9			7	
			8		1			
				6				
	6						1	
		1	4		3	2		
9								5

180

	6						7	
		1				5		
			2		1			
2				9				8
9			5		6			1
		3				6		
	7						2	
	1						3	
		5	3		2	8		

181

					8			
			6	2		3		
		7			1		6	
	5			9				1
4		8				2		7
9				8			5	
	3		1			9		
		6		5	4			
			7					

182

			1		9			
		4				2		
	9		6		8		3	
		3				1		
			7		6			
1		9				5		4
	5		2		7		1	
		2				8		
6								7

183

		1				4		
			3	7	4			
	2			8			9	
				6				
	8						6	
3		4				1		7
6			4		2			1
	4			9			8	
		3				9		

184

	4		1		9		7	
		8		3		2		
	6						4	
	7	1				5		
			7		5			
		2				3		
	9						6	
		7		9		4		
	8		4		6		5	

185

				4				6
			2		7		9	
1		7				5		
	8				4		2	
		6				9		
	7		3				8	
		1				7		9
	4		6		2			
5				8				

186

	2		3		1			
7				9			6	
		3		5				8
					7			
	9	1				2	4	
			6					
4				7		5		
	6			8				9
			4		3		8	

187

5		9					1	
		7			5			3
6	4				2			
						9	2	
				7				
	2	1						
			5				3	6
9			4			8		
	3					7		2

188

2				6				5
	4		7		3		9	
		1				8		
	3		8		2		4	
9				1				2
	8			3			5	
		4				5		
			1		9			
				5				

189

		8				1		
				4				
4			3		7			9
		7			8	6		
5								8
		1	5			4		
3			4		9			5
				6				
		6				2		

190

	7	8						
		3	4		8	6		
				1			7	
5								4
	6		2		3		8	
1								3
	2			5				
		4	6		2	5		
						8	3	

191

2						7		
		4			8		1	
	3				7			5
			1			4		
8	6						2	1
		1			6			
3			2				4	
	9		4			5		
		6						2

192

			7		4			
3		6				9		7
		2				8		
			5		9			
	6						1	
7				8				6
		5				3		
	8			9			5	
1			4		2			9

193

		7					5	
8			1					2
	1			6		8		
		2				3		
		8		9		7		
		4				1		
		5		7			3	
2					8			4
	3					5		

194

		6						9
		1			2	4		
5	8				9		6	
				1	3			6
			5				8	
	9	5	7					
	7					3		
		8		2			5	
4			9					1

195

	7						1	
		9	7		8	4		
				8				
	5	1		7		2	4	
6				2				5
		6				3		
	3		1		9		5	
2								8

196

	7							
9		8			2	1		
	2			3			6	
				9			4	
		2	8		3	9		
	6			1				
	4			6			5	
		7	4			2		3
							9	

197

		4	9		3	2		
	1			2			6	
7			8		6			4
			3					
		5				7		
4			1		8			5
	6						7	
		9	4		7	8		

198

				6			1	
			7				6	
		4					5	
	7		6				8	9
3				9			4	
8		1			3			
		5						
		8	4				9	
				1	2	7		

199

		6	1	8				
	9						4	
		7	2			3		1
						5		9
8								7
6		3						
7		1			3	4		
	8						5	
				6	8	1		

200

				4		9		
1		6			3			
	8			7		4		
9		3					6	
			9		8			
	7					5		1
		2		1			5	
			4			7		9
		7		2				

201

	7				9	1		
		4	6	7		3	2	
		9	5				6	
		8				2		
	1				6	9		
	3	2		1	7	4		
		6	2				7	

202

	5							7
6				7	9	1		
				2			8	
					8		2	
	9	2					6	1
	4		1					
	6			4				
		7	5	8				3
1							9	

203

		8			4	1		
	2				5			
3			7					6
		9			3		7	8
1	6		4			2		
5					8			9
			2				6	
		3	6			4		

204

			4					1
9				2				7
	4		9		1	6		
		1				2	9	
				1				
	6	8				7		
		4	5		2		3	
2				7				6
8					4			

205

					8			7
		2	6	9		8		
	1		3				9	
	5	4		8		3		
	8		9				1	
9								5
	6		7				2	
		8		3		4		
4					1			

206

8	2						4	3
			9		5			
		3		4		8		
	7						2	
1				8				6
			2		9			
		7		1		5		
3	6						8	1

207

7				6					1
	3		4		1			
					9			2
	1			3					
2			5	4				6
	9	4			8		2	
								8	
					6	4		
4		6	5					

208

					4	3		
	5			1			6	
7		8			3			1
		1			7				
		2				4		
			6			8		
3			2			7		9
	8			9			3	
		5	4					

209

3	1	6	8					
					3	5	2	1
4	5	9	6					
					7	1	9	3
9	2	3	7					
					8	2	4	5

210

	5				6			
7	3		5			1		
				3			2	
	9				5			8
		2				4		
6			1				7	
	4			8				
		1			3		6	9
			9				1	

211

	3			9				
5					4	6		
		1	2				4	
		5	6				2	
2								4
	9				3	8		
	8				6	9		
		2	7					8
				5			3	

212

				7				
		4	6				9	
	1	2					8	5
	6				7	1		
8				9			2	
			5					6
			2					8
	8	5		4				
		9			5	3		

213

		9				7		
			3			2		
3	1				5			9
		1	5		9		7	
	2		6		8	3		
5			8				1	4
		7			2			
		8				6		

214

5								9
						3		
	4	6	2	7		1		
	3			1		7		
		1				9		
		4		5			6	
		7		6	9	2	8	
		8						
4								6

215

						3		
			5	2	4			
		4						9
	3			9				1
	9		8		1		6	
	8			7		2		
7					5			
				3				7
		2	6				8	

216

				2				
	1						9	
			4		3			
		2		5		7		
6								1
9			2		8			4
	5						2	
		4		9		6		
	8						3	

217

5	6			1				9
		7			8			1
		2				5	4	
	4		7		1			
1								7
			8		3		5	
	2	9				6		
6			9			2		
8				2			7	3

218

		6	2					
	9			3		2		
8			5				4	
	2	8			4			
				2				
			1			3	7	
	5				9			3
		9		7			8	
					6	9		

219

			8					
		5			4	3		
	6			3			5	
3			2					7
7		1				4		9
8					6			2
	3			8			7	
		9	4			1		
					7			

220

		4						
		9		8	4			
3	7					1		
		8			9			3
	6	1				5	8	
9			2			7		
		2					1	5
			1	9		6		
						9		

221

5			9				7	
	2			8				6
		9			6	3		
3			7					
	8			2				
		4			9			3
		3				8		4
2							9	
	7					8	1	

222

	4			9	6			
3			8			6		
			7			1		
		3		7		2		
	2						9	
		9		6		5		
		7			5			
		1			2			6
			3	4			8	

223

				8				7
		1	2					3
	4					5	9	
	3				4			
4								9
			3			6	1	
		2			8			
		6			5			1
9	1			7			2	

224

						3	9	
8	4				7			1
		5			1			6
		7	6	3		9	4	
	6				9			
	2				8			
		9			3	6		
			1	8			5	
							7	

225

5		8		7				1
			3		4			
			9					3
	9					3	2	
8								7
	4	5					6	
3					7			
			2		5			
7				3		6		9

226

1								5
		4				6		
	7		1		3		4	
	6			9			8	
		7				9		
			3		2			
	1			6			3	
5		9				7		1
	3			7			9	

227

					4	8		
	3	2	1				9	
	4				3	7		1
	5	6	7					4
9					1	2	3	
8		5	3				4	
	2				7	6	5	
		1	6					

228

		8				3		
	6			2			9	
7								1
		4				7		
			5		9			
5				1				8
8				6				7
3			2		4			9
	9	1				8	4	

229

8								
		5		4	2	6		
9					1	8	5	
			4			3	2	
	2						7	
	5	9			8			
	9	6	3					5
		3	2	8				
								7

230

		3		9		2		
	5			1				6
1					4			
			5			6	3	
9								8
	2	1			3			
			6					2
6				8			9	
		5		3		4		

231

		5	3				8	
							7	
7				1	2			9
9				6	3			
		1	5					2
		8	1				3	
						9		
6	8				4			7
		2		8			5	

232

		6				5		
	7			8			2	
			1		3			
3		8				9		6
5		4				2		3
	1						8	
		5				3		
			4		6			
4				1				7

233

		4	2					
	5			1				
9			8				4	7
	4		1				6	
		5				8		
	1				7		3	
8	3				9			2
				6			7	
					2	5		

234

			9					
		7			3		2	
	4			8		1		6
3					4		5	
						9		
	1		6					4
1		2		9			8	
	6		2			4		
		5			7			

235

		9				2		
	5						3	
4			9		5			7
	8	6				1	5	
			8		4			
7			2		6			3
	1		5		9		8	
		3				6		

236

	5					8	7	
9					6			5
	4		7					
		8		4		9		
	9						3	
		5		3		2		
					8		6	
7			4					3
	1	3					5	

237

1				6	5			
		4				1		
	2			9	7			
3							7	
9		8				2		4
	1							9
			7	2			9	
		3				6		
			8	5				2

238

	2			3				
3					1	8		
		4					5	2
			5				4	3
8				6				
	1					7		
	9				3			
		6	7				8	
		5	1					7

239

							3	
		1	7	2	8		9	
	4							7
	8			4				9
	1		6	5			2	
	7							
						1		
9	2			1			5	
		6	4					8

240

	3						1	
8								2
	4	6				3	7	
			8	9	4			
	5	7				2	4	
			5		6			
	1			4			9	
2								1

241

						6	5	
		1			8			7
	3			6				4
4			7				9	
5		2				8		
	9				3			
				3			8	
	7		4			5		
2				1	6			

242

		9				3		
7			1		5			2
		6				1		
	1			3			5	
2								8
		7				9		
		2				7		
4			2		6			3
	3			4			6	

243

					7			
	2		8	6			5	
		6			5	4		
1		9					3	
	7						8	
	8					7		6
		5	9			2		
	1			3	8		6	
			4					

244

5			8			6		
	1		9	2		4		8
			3		2		5	
	8						1	
	4		6		9			
7		3		4	6		9	
		9			8			2

245

	2				9	6		
4							3	
		1	5					9
		4	7		2			5
				1			4	
8			4		6			
5						8		
	9			3			7	
		2	9					

246

			3			8		
		1					4	
	6		1		5			3
6		8	5					
	9						3	
			2			6		9
8			9		7	2		
	5					3		
		7		4				

247

	4			7		6		
3			9					4
					6			
	1				8			
2					4	8	6	
		3	2	5				
9				8				3
				1			4	
	8					5		

248

2			5					7
	5		6				9	
				8	1			
		8					2	3
		7				4		
9	1					8		
			1	3				
	9				8		6	
8					4			9

249

	4						1	
		6	9		7	8		
	7						2	
3			6		5			7
				9				
			8		4			
9	1						5	4
			4		6			
	8						3	

250

		7						4
					2		1	
3			5	9				
		1			7		8	
	2			3			9	
	6		8			5		
				1	8			9
	8		7					
4						6		

251

		2	5					
	1			6		3		
8					2		9	
	7	6				9		4
				1				
5		8				1	7	
	4		3					2
		7		2			5	
					8	4		

252

			7		6			
	5	1				2	8	
4			8		5			7
2				6				1
	3	8				7	9	
	4						3	
		2		9		8		
			2		4			

253

			9		2			
		8				3		
	4			8			1	
5			4		3			6
		6				1		
8			2		5			9
	1			4			5	
		2				6		
			3		7			

254

	5	6				8	9	
2			1		7			5
	6	9				1	2	
				8				
			2		5			
				3				
	9	5				2	7	
	1	8				4	6	

255

	3			9			8	
		5			4			7
		8			1			6
	2			3			4	
6			4			1		
7			9			8		
	1						2	
		4	1		6	3		

256

		1				6		
5			2		3			4
3								1
	5						4	
		6				9		
2			6		1			7
1		5				7		9
		7				4		
			3		8			

257

5	6						4	7
		1				3		
	4		2		7		6	
7				8				9
	5						2	
		3				6		
			5		9			
		6				4		
9	2						8	6

258

				6				
	8						7	
4		5		1		8		2
	7			8			9	
		8	6		1	5		
	3			5			6	
7		1		4		9		5
	4						1	
				9				

259

					5			1
	1	2	3			6		
	4		6				2	
	7	8	9					4
5					1	2	3	
	3				4		6	
		1			7	8	9	
9			8					

260

						3	2	1
	8	6	3					5
			4					6
			5					7
			6		7			
3					1			
5					6			
6					3	2	9	
9	4	7						

261

	1			8			6	
9								7
		8		4		9		
	4		7		1		2	
		1				3		
	5		3		6		8	
				7				
2			9		8			3
	8						9	

262

				4				
		2	8		5	3		
	4						5	
2								3
3		8	9		4	7		1
	6			5			9	
9				1				2
		7		8				
			3	6				

263

9				5		1		
	8						6	
		7	8			5		
2					9			
	4	1		2		6	9	
			4					8
		3			4	7		
	6						1	
		4		1				3

264

7			1					6
		9		4	8	7		
							5	
9			6				1	
	4			5			8	
	8				2			4
	1						2	
		3	5	6				
4					1			7

265

						3	9	
		9			5			8
	7				2			1
			5			9	2	
				2			3	
	2	7			1			4
8			6			2		
7			1	8			6	
	5	4			3			

266

					5	1		
	4	8	6				9	
	5		1				2	
	7	2	9			8		
						3		
3					8		6	
6			8	4		7		
	3	5			6		1	
								9

267

3	9							
	5	7		4	3			
					2	5		
		1	4					
			8	1		9	4	
							7	8
	6	2						
		5	9		7	8		
						3	1	

268

		1	3					4
	4			5			9	
6					2		3	
				9		5		
			7		6			
		6		8				
	7		1					9
	9			2			8	
4					3	1		

269

9							2	5
5			8		2	6		
	6		7					
	7	4				1		
				1				
		2				4	3	
					8		7	
		6	5		1			8
4	9							3

270

						2		
		7		5			3	
	2				8			9
			7					3
	8				1			
		4		9			5	
6								7
	9				4			8
		5	2			1	4	

271

	8					3		
		4			1			
	3			5			4	2
6				4		2	8	
	2	5		3				1
1	4			6			7	
			1			8		
		7					9	

272

		9	5		3	7		
	1						6	
		7				2		
	3		1		6		8	
		8				9		
	2			7			5	
5								7
	9			2			4	
			3		1			

273

		5						
			8				3	
3			7			4		2
	1	4	9		8			
			6		7			
			3		4	2	1	
7		2			9			8
	6				1			
						5		

274

7	5	9						
	2				7			5
	6			3			8	
		4	1			6		
		2			6	8		
	3			9			7	
5			8				2	
						1	4	3

275

							9	3
	1	2				5		
6			8		4			
					3			
	5	9		7		2	6	
			2					
			3		6			2
		6				1	5	
7	8							

276

		2				6		
			1		7			
		4		9		1		
	5			7			2	
	6						4	
1								8
9			5		3			4
	7	8				9	6	

277

			5		3			
		1		7		9		
	8						6	
1				6				9
2			7		4			1
		3				8		
			4		9			
		7				6		
	5			8			2	

278

8					1			
		3				9		
	2			5			7	
	1				7			2
		9	1		4	3		
3			9				4	
	9			8			5	
		4				6		
			7					8

279

	8						2	
9		5		6		1		4
			9		7			
		7		1		4		
	9						8	
8				9				5
	2		7		1		3	
		1				6		
				8				

280

	1			5			3	
9			2		3			1
		4				6		
4			3		8			7
	8			7			4	
		2				1		
			5		9			
	3						6	
		8				2		

281

9		4		7				
	5		9				2	
		1						6
			5			3	7	
			8		4			
	6	2			1			
4						2		
	8				7		3	
				6		1		9

282

			1		4	2		
	8	2					3	
6			3				4	
7						9		4
				7				
9		3						6
	4				7			5
	5					7	9	
		7	6		2			

283

		1			3			
	3		2			7		
8		2			6		3	
	9					2		5
1		6					4	
	7		5			9		4
		9			8		6	
			4			1		

284

			4					
	6			9			5	
	9		7					6
		3			8		2	
		2				4		
	7		1			9		
4					2		7	
	8			5			6	
					1			

285

	8						1	
1								9
	2		3		6		5	
		2	5		8	6		
		4	2		3	9		
	6		4		7		8	
8		3				5		6

286

		1			9			
	5			4		8		
7			2		6		9	
						5		
	8		5		1		4	
		7						
	4		9		3			2
		3		8			6	
			7			9		

287

		4	7					
	5				2	1	7	
9								4
3				7			8	
			2					6
	1				4	5		
	2				1			
	6		9					8
		8		3			9	

288

3			1					
		6		8			4	
	1		3			8		
9		5	6					
	2						6	
					3	7		2
		9			2		7	
	8			4		1		
					5			6

289

	2			1				
		9	7			3		
	6				4		7	
		5			6		8	
1								2
	3		5			7		
	9		4				3	
		6			7	9		
				2			4	

290

6								7
	2		1		6			
		9		7		5		
	5						4	
		7		3		8		
	3						6	
		6		8		9		
			2		7		1	
4								2

291

3	1			4				
8	6			7		1		
							5	
					4			
5	7			1			2	6
			3					
	2							
		1		3			8	5
				6			7	4

292

		7	4			5	6	
	2				8			
5				9				
	3				1			
		4	7			6	9	
				2				4
				5				8
			6				2	
	5	1			4	3		

293

						2	5	
					1			4
	2	4			9			6
4			3			5	9	
5			2		6			7
	3	7			4			2
2			9			8	1	
1			4					
	8	3						

294

3								9
2		7				4		1
	8		7		2		6	
		9				1		
	5			9			3	
	2		3		6		9	
		8		6		5		
			4		7			
				1				

295

9				6				5
				8	1		6	
			3			7		
		7					1	
8	5						9	6
	3					5		
		2			3			
	7		4	9				
6				5				1

296

		4		2	9			
			6	8			4	7
	9		1			3	5	
		5				8		
	1	2			8		9	
8	6			7	3			
			2	6		5		

297

	1	2				9		
3			8			7		
5					4			
	4		7	8				
			5				2	
		9			3			6
1	3					8		
				4			9	
					7			3

298

				1				
			4		6			
		6				7		
	7			6			5	
3			2		8			1
		4				8		
9			1		7			3
	2						7	
		8		5		9		

299

8						2		
		9			6	4		
	3				2		5	7
			1			5	2	
	4	1			3			
6	5		4				9	
		7	8			1		
		8						6

300

		4	1					
	2			3	8	7		
5							3	
2				6				9
	5		7				1	
	9					4		
	1				5			
		3			4		8	
			8	7				6

중급

트레이닝 문제
301~380

히든 페어 Hidden Pair

2개의 숫자를 방 또는 줄로 포인팅했을때 남은 칸이 2칸인 경우 히든 페어가 됩니다. 1개의 숫자를 포인팅할때 후보수를 써놓으면 히든 페어를 쉽게 발견할 수 있습니다.

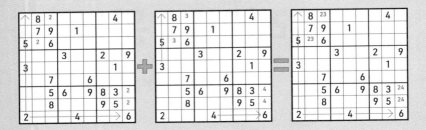

1번방 히든 페어 23 ➡ 히든 싱글 1
9번방 히든 페어 24 ➡ 히든 싱글 1

줄에서 찾기는 방에서 찾기보다 많은 연습이 필요합니다.

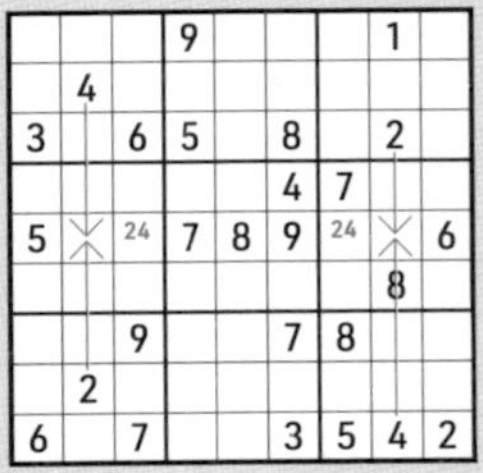

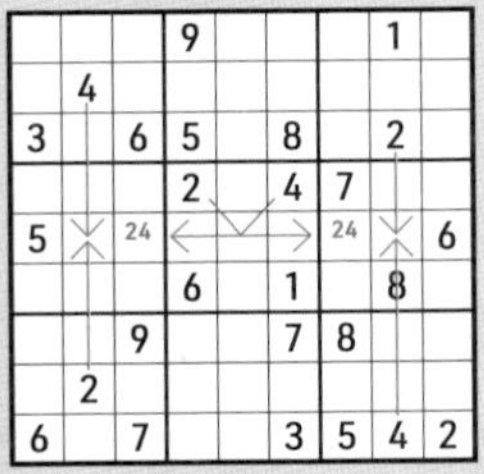

5번째 가로줄 히든 페어 24 ➡ 히든 싱글 1 ➡ 3번째 가로줄 히든 싱글 1
(또는 2번방 인터섹션 1) ➡ 9번째 가로줄 히든 싱글 1 ➡ 모든방 1

히든 페어 트레이닝

• 히든 페어 트레이닝을 위해 히든 싱글과 인터섹션만 사용하고 더 이상 찾을
  수 있는 숫자가 없을 때 히든 페어를 찾아보세요.

301

			8				4	
4				6		5		
	7				2			
		9		4		1		3
1			6					4
		3		2		7		5
	1				9			
5				3		9		
			2				8	

힌트
304쪽

히든 페어 트레이닝

• 히든 페어 트레이닝을 위해 히든 싱글과 인터섹션만 사용하고 더 이상 찾을 수 있는 숫자가 없을 때 히든 페어를 찾아보세요.

302

				1				
				2				
		9	6		3	2		
	4						5	
8			5		2			6
	7	3				9	8	
				5				
			8		4			
	6	8				7	1	

힌트
304쪽

303

9						6		
		3			9	7		
	5		2				8	
		9				1	4	
				7				5
	3				6			
1	6		7			3		
		5	4					2
				2			1	

힌트
304쪽

304

		9		2		5		
	5		4		1		6	
8			3		7			6
		3		8		2		
4								7
	9						1	
		8	2			5	3	
			9			3		

힌트
304쪽

305

	9		8					
6					1		8	
		4				9		7
1					3		9	
				1			5	
	2		6		9			
		7						3
	5		2	7				
		8				7		4

힌트
304쪽

306

		3	6				5	
						1		6
1		8			4		2	
6			4					
				2		6	8	
		2			5			
	7			3		9		
4		6		1			3	
	5							8

힌트
304쪽

307

			4		1			
		5				8		
	3						6	
	8	3				4	7	
	6		1		2		3	
2		7				9		4
	4			5			1	
			2		7			

힌트
304쪽

308

					7	9		
		1	6	4			8	
	2							4
4			2				9	
3		5				8		6
	8				6			1
9							3	
	7			2	3	1		
		6	5					

힌트
304쪽

309

		3				9	6	
	2		1					5
7						3		8
	5		2		4			
				1				
			3		7		9	
3		6						4
5					6		8	
	4	8				2		

힌트
305쪽

310

				7				
	1		4	9	6		5	
				8				
		1				2		
	8			4			6	
7			6		3			9
		2				5		
	4		8		5		1	
9								2

힌트
305쪽

311

	1	8			4	7		
6							4	
			9	2				
1					3			6
	3						9	
7			5					1
				6	2			
	2							8
		5	7			6	1	

힌트
305쪽

312

	3	4	6	8			2	
					9		5	
				5			8	
			2				9	7
		6					4	
	1		8	6	4			
9		2				4		
			3				7	
				4	6	5		

힌트
305쪽

313

	3			7				8
4					2		3	
			8					
		5		8			6	
2			5		6			1
	7			9				
							5	
	5		4			1		9
6				3			2	

힌트
305쪽

314

			9		1			
	6						2	
	4			8			1	
		9	3		4	6		
	5			2			9	
		3	5		9	8		
	2			7			4	
1								5
			8		6			

힌트
305쪽

315

힌트
305쪽

9							1	3
2				4	6	7		
	5							
	8		9		2			
	9						6	
			7		8		5	
							2	
		2	4	7				8
1	3							9

316

힌트
305쪽

4								6
	2						1	
		3	5		4	7		
				3				
	3	1				6	2	
6				8				5
2								4
	4		6		9		5	
		8				3		

317

	7				3			
9				4			2	
		8				6		
			6		9			3
	8	9				2	5	
1			8		2			
		2				8		
	3			7				1
			4				6	

힌트
305쪽

318

			4		6			
		6		2		5		
		9				1		
	3	1				2	8	
5			7		3			6
				9				
6			8		2			1
	5	2				9	3	
				7				

힌트
305쪽

319

2			6		3			5
	7						6	
1				8				2
			5		4			
		5		9		7		
		8				4		
6				3				9
	1						4	
		3				5		

힌트
305쪽

320

	4						9	
		3				8		
			1	4	7			
6			3		9			7
		5				6		
4			7		1			8
			6	2	4			
		2				5		
	6						3	

힌트
305쪽

321

			6	2				
	6	4			1			
5						7	6	
	2		3			8		6
			2		9			
1		6			8		5	
	3	8						7
			4			9	1	
				8	2			

힌트
306쪽

322

1				8				4
	3				4		8	
		2			6		3	
			2			4		
			6		9			
		9			1			
	7		9			2		
	6		3				1	
3				1				8

힌트
306쪽

323

	7						8	
2				9		5		
		9	7		2			6
			1		4	6		
	2		3		7		4	
8			9		5	6		
		2		8				3
	6						7	

힌트
306쪽

324

		5		7		2		
	4						9	
3			1			8		
		6			2		4	
9					5		7	
			7	8		6		9
2		8			7			
	3		6	2			5	
					4			

힌트
306쪽

325

		3		8				7
	1					5	2	
9				4			1	
			5					
4		8				7		2
					4			
	3			9				1
	8	7					9	
5				2		6		

힌트
306쪽

326

		8					2	3
5	7				8	9		
				5				
		9	7					
1	3						4	2
					1	8		
				1				
		2	8				3	9
6	5					7		

힌트
306쪽

327

			6					8
			8					3
6	3			4			5	
	7		1			3		
		9		3		6		
		4			9		1	
	1			5			7	2
2					4			
7					2			

힌트
306쪽

328

				6				
		4	3		9	1		
	7						5	
	6						2	
8				5				3
	1		4		3		9	
		1				6		
	9			8			1	
	4						7	

힌트
306쪽

329

	4	9	8		7		3	
					5		1	
	6	3	7		1		4	
	7		3		4	9	8	
	3		9					
	1		4		8	5	7	

힌트
306쪽

330

				6	4			
	3		9				8	
			1					2
	6	5					4	
1				4				
9					7	6	5	
					9			5
	7		2		8			1
		8				7	9	

힌트
306쪽

331

						5	1	
			8					4
		6		2	3	8		
		1					5	
8			7		4			9
	5					3		
		5	1	3		7		
4					9			
	2	3						

힌트
306쪽

332

	5						7	
		6	2		3	1		
3	9						4	8
			3	4	7			
			9	1	2			
	1						6	
		7	6		8	2		
	4						3	

힌트
306쪽

333

	6						5	
			1		8			
	8			9			3	
		6				4		
1	3						2	9
5	7						1	8
				4				
9			2		5			6
	5						8	

힌트
307쪽

334

6								5
		2				8		
	1		3		2		4	
			2	6	4			
			1		7			
			8	9	3			
	4		5		1		2	
		8				6		
2								7

힌트
307쪽

335

				3			2	
7					6	9		
	4			8			1	
		1			3	4		
		9				1		
		5	2			8		
	6			2			7	
		3	8					9
	8			4				

힌트
307쪽

336

					9	8		
			4	7			3	
		6		1				5
	2		5					1
	8	7		6		4	5	
1				3			6	
5				3		9		
	9			5	2			
		8	1					

힌트
307쪽

337

			5				1	
	2		9					5
		6	1					
3			9					
	5	4				6	7	
				8				2
			4			2		
1				5			3	
	9			1				

힌트
307쪽

338

	2					1		
9	7				3		4	
		8		4				5
					1		2	
		9		2		6		
	5		4					
6				9		3		
	1		8				7	4
		2					1	

힌트
307쪽

339

3				4				5
			9		7			
		8				1		
			8		5			
	5			1			3	
		1		6		9		
9			2		3			7
	3			9			2	
6								1

힌트
307쪽

340

		7				1		
			3			9	2	
4			5		7			3
	4	5		8				
			9				6	
		3				4		
9	7				2			
	6			1				4
		1					9	

힌트
307쪽

네이키드 싱글 Naked Single

후보수가 유일한 칸에 숫자를 확정합니다.
3번째 가로줄과 2번째 세로줄에 후보수를 넣어 네이키드 싱글을 찾아보세요.

5		6	3	8		9		7
	3	8						
9	7			5	6		2	
	5	9		6				
		7	4	9	3	5		
	8						3	
						8		
		7					6	4
	9	2						

네이키드 페어 Naked Pair

두 쌍의 동일한 후보수를 가진 칸이 두 칸인 경우 나머지 칸에서 이 후보수를 지울 수 있습니다.

4번째 가로줄과 3번째 세로줄에 후보수를 넣어 네이키드 페어를 찾아보세요.

2	9	6	8	3	5	7	1	4
		3		7	1			
1		7		6	9	3		8
			3		6	4		
		4	5	9	8	6		1
	6		7		4			3
4	1	9	6	5	2	8	3	7
		5	9	4	7	1		
6	7	2	1	8	3	5	4	9

네이키드 트리플 Naked Triple

세 쌍의 동일한 후보수를 가진 칸이 세 칸인 경우 나머지 칸에서 이 후보수를 지울 수 있습니다.

3번째 가로줄에 후보수를 넣어 네이키드 트리플을 찾아보세요.

	7	6	9					2
1	2					7	6	
	3							8
2			3			6	8	1
6		1		2				
		3			1	2		5
3	4	2				5	1	7
9	6	5				8	3	4
	1		5	3	4	9	2	6

네이키드 싱글 트레이닝

• 네이키드 싱글 트레이닝을 위해 히든 싱글과 인터섹션만 사용하고 더 이상
  찾을 수 있는 숫자가 없을 때 네이키드 싱글을 찾아보세요.

341

			1		5			
	6	4				7	8	
	2						4	
		5		6		1		
			2		4			
3	7						5	2
		1		7		9		
9				3				7
	8						2	

힌트
307쪽

네이키드 싱글 트레이닝

• 네이키드 싱글 트레이닝을 위해 히든 싱글과 인터섹션만 사용하고 더 이상
  찾을 수 있는 숫자가 없을 때 네이키드 싱글을 찾아보세요.

342

	4						3	
6								8
		8				7		
4	1		3		8		6	2
			9		4			
		7				1		
	3						4	
5		2				9		6
			1		7			

힌트
307쪽

343

3								1
	8	5				3	7	
			4		5			
	7						1	
		2				6		
6	1			2			9	3
			1		9			
	6	7				8	5	
9								7

힌트
307쪽

344

					1	5		
	8	1					7	
9			6	2				3
					2			6
				6				
4			9					
6				5	9			8
	2					7	1	
		5	3					

힌트
307쪽

345

	7						2	
9								5
3			8		2			6
		1	3		4	2		
		9				3		
		4	5		8	1		
7								9
	6	8				4	3	

힌트
308쪽

346

			7	3	2			
		7				9		
	6						8	
8			1		3			7
		4				8		
	5						4	
9		8		5		3		1
		6				4		
			6		1			

힌트
308쪽

347

			2	9				
	1	6				9		
7			1		8			
				5			4	
9		4				6		3
	2			4				
			9		7			8
		3				5	2	
				6	3			

힌트
308쪽

348

	3		9		1		6	
8								2
	5						3	
		9		7		4		
			6		4			
		1		5		2		
	8						5	
7								1
	2		5		6		4	

힌트
308쪽

349

	5						3	
1		9				7		5
			3		2			
			9	1	5			
9								6
8			6		4			3
	2						5	
		6				9		
			7	3	1			

힌트
308쪽

350

			5	4			6	
					2			4
		9			1			7
4			9				8	
6						3		
	8	2			5			
				1			3	9
2			4			1		
	9	6				2		

힌트
308쪽

351

			4	3	6			
		7				8		
	5			8			1	
9			5		4			3
3		2				7		5
5		4			8			9
8		9					7	
			8			6		
				5	1			

힌트
308쪽

352

1					4			
	3	6				9		
	5			7				3
								8
		9		3		6		
3					1	2	5	
	7			4	9			
					2			9
		1	5				4	

힌트
308쪽

353

		1	6		9	4		
				5				
	6	4					8	
4					7			1
				6				
9			8					5
	3					6	7	
				9				
		7	2		4	8		

힌트
308쪽

354

		8			6			
		2	1			5	6	
9	4					7	1	
	8				4			7
4			7				3	
	5	3					7	4
	7	9			8	6		
			3			2		

힌트
308쪽

355

			8		4			
		3		9		7		
		5				4		
1			3		8			6
	7		1		5		9	
7		4		6		1		9
	9		2		7		8	

힌트
308쪽

356

	2					3		
6		9		3	8		7	1
	7							
			8			5	6	
	6			2				
	1				7	4		3
5			3		6			
	3		7				2	
	8				1			9

힌트
308쪽

357

		6		3		9		
		5		7		3		
			1		8			
	3	2				7	1	
8					6			
	7	9			2			
			4		7			
	1	8				2	9	

힌트
309쪽

358

		8						
	7		2		8		1	
				9				2
	4	1				5		
2			1		7			8
		9				6	3	
1				7				
	5		3		6		8	
						4		

힌트
309쪽

359

		9	3		7	2		
	1			4			7	
	7			5			8	
4			7		5			2
		8				4		
	4		1		2		6	
6								7
	5			6			3	

힌트
309쪽

360

								2
	7				9	5	4	
		4			3			
					7		8	
				8				4
	1	7	3		6			
	6					9		
	8		5				1	
3				2				5

힌트
309쪽

361

			2	8				
		4			7			
	9				6		4	
4					2	5		3
2				5			6	
	5	7	6					
			7				9	
		1		3		2		7
			8				1	

힌트
309쪽

362

9					8		5	
	2		4			3		
			1					
	9	1					8	7
					3	6		
7				8				4
	3			5				
1				3			7	
				2		7		

힌트
309쪽

363

				8				
8								6
	6		5		4		1	
		7				9		
			3		6			
2		6				8		7
	9		2		5		4	
		4				6		
			1		3			

힌트
309쪽

364

3						1		2
		8		3			5	
	7		4					8
		5				2		
	3		8		9		4	
		1				8		
9					6		2	
	6			7		3		
2		7						1

힌트
309쪽

365

			9			2		
		9			4			
	5		3		1			6
4		8			5	7	3	
				9				
	7	2	8			1		5
8			5		7		1	
			4			8		
		3			6			

힌트
309쪽

366

4				5				3
	8		6		1			
		5				9		
	1		2					9
9								4
7					3		2	
		4				2		
			1		4		8	
3				8				6

힌트
309쪽

367

	6	9				4	7	
			5		1			
	4						3	
	7			6			9	
			8		7			
	9						6	
1		3		7		2		5
7				2				8

힌트
309쪽

368

		6		1				4
	2			9				
8			5			2		
		8			7			
9	5						8	7
			1			3		
		9			6			1
				7			5	
3				5		6		

힌트
309쪽

369

9			2	8	4			3
	5	4				6	8	
				1				
	1		4		6		5	
7								2
3								8
	4		8		9		3	
	9			2			7	

힌트
310쪽

370

			4					5
			6		2	7	3	
				8			1	
1	5				3		9	
		9				8		
	7		5				4	3
	9			5				
	3	2	7		8			
6					9			

힌트
310쪽

371

	5			1		3		
		3	9			8		6
					3		2	
			2				3	
7				4				1
	9				7			
	2		4					
1		5			8	2		
		8		7			9	

힌트
310쪽

372

	6						3	
			5		9			
8				2				6
	3	5		9		1	7	
4								9
	2			7			5	
			6		3			
	7			8			2	
		1				8		

힌트
310쪽

373

				3				
	5				1			4
			7			8		5
		7				3		
4				9				7
	2				5			6
		6	2				5	9
						7		
	4	1	9			8	6	

힌트
310쪽

374

	8			9	5			4
			7			3		
		9					1	
	3							5
2				1				9
5							7	
	7					6		
		2			8			
1			4	6			2	

힌트
310쪽

375

	5		3		8			
			4			1	6	
	2		6				3	9
		8			7			
	9			3		7		
		7			2		4	
		3	4			8		6
			5				1	

힌트
310쪽

376

			2		4			
	5			8			7	
3								6
	8		5		3		1	
		2		6		9		
	7						8	
		8				3		
	1						2	
			4		6			

힌트
310쪽

377

		6	9			2		
	5						9	
		1			3			4
			3	4		6		
			2		5			
		8		7	1			
4			1			8		
	1						5	
		2			8	7		

힌트
310쪽

378

	6			3			7	
7		4			9			2
	1			2				
							3	
2		6				1		4
	8							
				1			4	
9			7			2		8
	4			5			6	

힌트
310쪽

379

				9				2
		9			4		5	
			8			3		
7		4		5	6		9	
6			4					
1		3		2	9		4	
			3			7		
		5			1		2	
			7					6

힌트
310쪽

380

1			5	7				3
			9		6			
		8		4		5		
	5						2	1
		7				6		
9	3						4	
		4		2		8		
			1		7			
6				8	9			5

힌트
310쪽

중급

실전 문제

381~500

히든 싱글과 인터섹션만으로 풀 수 없으며 적어도 한 번은 히든
페어 또는 네키이드 싱글을 찾아야 풀 수 있는 문제입니다.

381

		5		1	9			
	6		4			2		
7			5					1
	1		7					
3				6				9
					5		1	
8					2			6
		9			4		7	
			3	7		4		

382

	5		9		6		3	
6	2							
		9	4		5		2	
2		5					1	
								2
4		1				5		
					9		8	7
5		3	6			9		
				1		3		6

383

			5		3			
		7		8		2		
		6				1		
			7		8			
		1				4		
8	6			2			1	3
4				3				6
		9	8		1	5		

384

	8			3			4	
3			1			5		7
					2		6	
	6			9		7		
4								9
		9		2			3	
	5		2					
7		1			6			4
	9			4			2	

385

		9				5		
	2			1			4	
4			3		5			8
1								9
	9						2	
		5				6		
	4			5			8	
8			6		9			3
2			7		1			4

386

1	2	3						
			4		3	8	7	
								9
4	6	8						
			1		7	2	4	
								5
9	5	7						
			8		5	6	3	
								2

387

1	2	6						
7						3	8	9
4		5	6	9				3
6				4		8	9	5
9	8	2		5		6		
				6		4	5	7
		1	4	8				

388

		6		7				
			4					
			3			4		2
	9	4					8	
2			9				4	
5			6		4	2		
	8	7		1			9	
				6			7	
					5	3		

389

			4		3			
6				2				1
	5						7	
		8	2	3		4		
			9		7			
		6		5	8	3		
	9						4	
1				7				5
			6		1			

390

4			5	1			2	
	5				8			
		9			2			5
3					4			
9				2		6	3	
	8	6	7					1
				4		2		8
8				9			1	
		7			6	9		

391

			1				7	
					8		3	
			6		3			4
3		9					1	
					4		6	
	6	4		2				7
							8	
1	8		7	3		2		
		3			2			9

392

				8				
	2	8				4	1	
7				9				8
2		1				6		7
			2		9			
		3		5		2		
			7		6			
	4						5	
		6		1		3		

393

					4			
		7				2		
	3		1			6	8	
		6		2		9	3	
			6					8
8					5		1	
	1	9	8					
		4	7		2			
				9				

394

	7						2	
3		4				8		6
			2		3			
		2	1		9	5		
	5						6	
		3				4		
		8		5		3		
2	9			6			7	4

395

	4					3		
6				9				5
			7		4			
		2		7			9	
	7		6		2	5		
		5		8			4	
1				2				3
			5		6			
	8					7		

396

9		1						8
		3		9			4	
2	7		5					
		8			3			
	2						7	
			7			5		
					7		9	6
	4			8		7		
3						1		4

397

6								7
	7				5		2	
		5	4	7		1		
					9	5		
		3				4		
		1	3					
		9		2	4	8		
	2		8				1	
1								5

398

			7	5				
		8	2				4	6
3						9		
		1			7		8	
9								4
	2		6			1		
		5						2
7	6				8	3		
				6	3			

399

	8		3	5		7		
6					4			
					1			5
1				9		5	4	
3								9
	7	4	6					2
2			8					
			4					
		3		7	2			

400

4				2	5			1
							6	
	2		3					
7					8	3		
3		4				6		9
		1	7					4
					2		9	
	6							
5			1	4				7

401

5				9				6
	3			8			7	
			7		1			
		9				2		
1	2						5	3
		5				1		
			6		3			
	6			4			9	
8				7				5

402

		3	5					
	2			6				7
	7				8			4
		9				3	1	
7				5				6
	5	1				7		
2			8				9	
1				2			5	
					4	6		

403

	8					3	9	
7		1			4			6
9							7	
	2			7				
			9		1			
				4			6	
	3							9
4			6			2		5
	6	5					1	

404

				7				
			3		8			
		5				2		
		4		3		8		
	3		2		1		9	
6								7
		2				4		
3		7		5		6		1
5				9				2

405

			9					8
	2		6				5	
				3		7		
2	3		1					
		5				9		
					6		7	4
		8		7				
	6				2		1	
3					5			

406

		4			9			
			5			9		
3				1			2	
	5				4			3
		9		3		7		
6			2				1	
	7			2				9
		8			7			
			9			8		

407

	7			4			8	
9								1
		4	8		6	2		
		2	5		9	3		
5	4		6		1		2	9
		8				4		
	3			5			7	
			3		2			

408

		5	9		3	4		
	3			1			8	
	2						4	
8		9		7		2		5
	1						3	
	4			3			6	
		3	6		5	7		

409

		2	8					
	5					9	4	
6					1			7
	9				8			
1		5				2		8
			3				1	
2			6					3
	4	3					9	
					4	7		

410

	3						2	
	6		2		8		1	
5			7		9			8
		5				3		
	9						4	
	8			1			9	
			3		2			
		4				7		
		1		4		6		

411

9		1						3
	3		5				2	
		4	6			7		
8					3			
	2						4	
			9					7
		7			8	2		
	9				2		5	
3						1		9

412

4								6
				9			5	
	5	6	2			1		
5				3		4		
		1				9		
		9		5				8
		7			1	2	6	
	6			8				
3								4

413

	2	1					3	
					2		7	
	4	8	6		3			5
2					5		6	9
		7	3			5		4
	8			9		7		
	7			6		1		
		4	5					

414

5		4						
1		7	8			5		
	2				4			
6						3	7	
4	3			7			8	1
	9	8						2
			6				9	
		1			2	8		3
						4		7

415

		2			8			
	1			6			3	
7			2		5			
		4				8		3
	3			5			2	
1		9				4		
			1		9			5
	2			7			1	
			3			7		

416

	7		4					
		9				2	3	
					7			5
	6	2				3	7	
4			7		5			1
	1	8				5	9	
3			6					
	8	1				6		
					9		2	

417

		4				2		
			5		7			
5			2		8			3
	2	5				1	4	
				7				
		7	4		3	6		
	3						9	
	1			8			6	
		9				4		

418

	1						9	
3		5				7		2
	6		1		8		4	
		4				2		
	7		6		9		8	
	9		4		5		6	
		3				1		
6								7

419

			2	5	4			
		4				6		
	7			1			2	
		2				4		
			5	3	9			
		3				1		
		6		7		2		
	9		8		3		6	
1								5

420

			2			5		
				9		8		
			3		4		6	
		3	9			6		4
	8						7	
7		4			6	3		
	2		7		5			
		6		1				
		1			8			

421

6				4				3
		4	5		3	1		
	5						9	
			1		7			
	9						2	
			6		8			
8								6
	6	9		5		4	7	
7	4						3	1

422

		6				5		
	2		5		4		7	
	8	9				4	3	
7			1		2			6
			3					
			8					
1			2		9			3
	6	3				7	8	

423

8								7
		1				6		
	7		1			8		
7		5		2		4		
		4				3		
		8		7		1		9
		3			5		4	
		6				5		
9								8

424

			4		1			
	9			5			2	
3		7				5		1
7								9
			7		3			
	2		6		9		4	
5		8				3		2
	7						1	
9			2		8			4

425

9				3	4	1		
	7					4		
		5					6	8
			1					7
6				2				
8						3	9	
7	3				8		4	
		9				6		1
		2	6				5	

426

		6	9				8	
	9	4			1	2		
				7				5
	5							8
		1	7		4	3		
6							1	
2				4				
		8	3			7	6	
	1				9	8		

427

		1				7		
		9	1		6			
3	5		2		7			1
	4	6				9	5	
				8				
	2	7				4	8	
6			5		1		3	4
			9		3	5		
		3				1		

428

				5				
	1	4				8	7	
5			6		1			4
			1		8			
		9				2		
			9		2			
2			7		4			6
	7	8				3	4	
				9				

429

2								1
			6		7			
			3	1	5			
3		1				6		4
		5	9		1	8		
				4				
8								3
9		3				2		5
		7		9		1		

430

8							9	
		5				7		4
	6		7		2		3	
		9	1			4		
		1			6	8		
	2		5		1		6	
7		3				9		
	5							2

431

		4	8					
	6			2	7			1
7		1				4		
3			2					8
	8			6			3	
	2						7	
		6				9		
				7	9			
	4		3					

432

		7	5					
		9						
2	4			8	7			
9				2		5		
		5	3		6	2		
		6		4				1
			7	1			6	4
						3		
					4	7		

433

			4				9	
		7					6	8
	6			1		2		
8			2		9			
					5			
		4	1		8			6
	8		3				4	
1		9				7		
	5				4			

434

				8				
	5			4			6	
		4			7	3		
		2	9		3			
7	6						3	8
			8		1	4		
		9	7			2		
	8			5			7	
				3				

435

		6				9		
			6	5			4	
3						8		
	4		9			3		
	2							5
					8			4
8		7	3					
	5						1	
				8	2			6

436

4		1	2					
		9						8
				5		3		
7				1				
5		4				6		2
			8					1
	3		6					
6						5		
					3	7		4

437

4				8				2
	1		3	5				
		9			1			
	6					3		
	2			1			8	
		3					7	
			5			1		
				2	7		4	
7				4				5

438

							7	2
		1	2		8	3		
	5			4				
			3	1	6		4	9
		9	5		2	8		
3	7			8				
				6			3	
		4	8		1	9		
1	3							

439

	3			1			2	
			4		5			
6			9		7			3
		7				9		
		9				4		
	4						1	
	7	8	3		2	6	9	
				5				
5				8				2

440

5					1	7		
	7		3					
			6	5			4	
	1	3						8
		2		9		6		
9					4			
8				4			1	
		6				2	8	
			5					7

441

		6				2		
	3				9		8	
	8			1			4	
		9	7			3		
			3		6			
		7			2	5		
	9			4			2	
	6		8				3	
		5				1		

442

					3	9		
	9			6			4	
8		1				7		
6				3				
	4		9	8	1		2	
				5				4
		2				6		8
	1			9			7	
		5	2					

443

	4					7		
		3			1		6	
	8			9				4
		4			3	9	5	
	2	5	8			4		
1				6			7	
	9		1			5		
		7					3	

444

9								6
4	6						5	2
		3		7		8		
		8				4		
1				5				9
			2		1			
	2		7		3		9	
		4				5		
	3						4	

445

1							8	
		2	4					9
	5					1	3	
	7			3	9			
			6					2
			5			6		
		1			6	7		
5		9					4	
	3			9				

446

	1	8					4	
9				2				7
2					4			
		6	1		3		9	
				5				
	5		8		2	3		
			7					3
4				6				5
	6					1	7	

447

		7		4				
			3		8			
2		1		5				
	8				6	5	4	
9		3						2
	5		9					3
			4				9	
			7			6		
				8	1			

448

				7				
			3		5			
	1	3				8	7	
5								7
	4	8				2	3	
			1		9			
8								6
	6	2				5	9	
			4		7			

449

3								1
		6	4		5	2		
	5			8			7	
			9		1			
	3		7		8		5	
5				7				4
8		2				1		3
	9						8	

450

				3				
			1		6			
		8				5		
	2			4			3	
		7				1		
	5		3		9		4	
		6		7		3		
	1		4		8		7	
4								9

451

			4		7			
				8				
	8	1				5	3	
4		9				7		5
5								3
	7			2			1	
	2						6	
		4		6		8		
			1		3			

452

		6				8		
			1		4			
	3			5			9	
			2		6			
	7						3	
1		4				7		2
9			3		2			4
		7		9		6		
		8				5		

453

				7				
9		5				1		4
	3			4			8	
		8				5		
	9			6			1	
6			2		3			7
	2		7		1		3	
			3		5			
				8				

454

			3			1		
	9			5			4	
		6		2				8
6			7					
	1	7				3	9	
					4			2
4				6		7		
	2			4			6	
		3			1			

455

3		4						
		6	2				1	
			8	5				
		1				7	6	
7				2				5
	4	5				3		
			9	1				
	7				3	8		
						9		7

456

5				2			6	
			3		5	4		
			6					7
	5					8		1
6		4					2	
	9				7			
	4		1			6	9	
8				4		2		
		7	8					

457

		4						2
		2				8	9	
7	1						6	
			3		1	9		
				5			3	
			2			5		
	2		8		4			
	9	8		6				1
5							2	

458

			8		5			
				7				
		6		2		1		
5			9		3			6
	4	1				2	5	
7								9
		8				3		
	2			4			6	
			7		9			

459

4								
	5		2			1	8	
			9			7		2
	1	6						9
					6			
				3		2	4	
	3	8			1			
	6				3			
		5	4					

460

9		4		2				
	8						7	
2		7		1		8		
			5					
6		9				5		1
					4			
		5		8		1		9
	3						5	
				6		3		2

461

3		5						
		2		7			1	
1	8					9		
					4		5	
	9			2				
			3		8		4	1
		7				6		
	3		4		1		8	
					7			

462

	6			1				
5		9			2		3	
	1				7		9	
						6		8
7				3		1		2
	8	4						
			7	6		9		
	4	8						
			3	2				

463

		9	5					
2	6			9				
			6				9	
		2			1			5
3	5						7	1
4			8			3		
	7				5			
				2			4	3
					7	9		

464

			1					
		2			6	3		
	3			4			5	
4				7				5
		6	8			2		
	2				9		7	3
	1			6				
		5			1		4	
			3		5			8

465

					6	4		
	5			7			1	
			3	8		9		
		6					9	
	2	8		3				
3						7		8
7		2			5			
	1		4				5	
					1			2

466

8				4				6
	7						5	
		5	6		8	3		
			1		7			
	5						9	
		2				4		
		6	2		5	1		
	8						7	
3								5

467

				6				
	9	8				4	6	
7			1		5			8
2			8		4			5
	3	5				1	9	
		4				3		
		1				2		
			6		7			

468

9				6	4			
		3	1					
	4			2	3			
	2					7		5
8		7				2		6
3		4					9	
			7	9			8	
					8	5		
			3	5				1

469

		2				8		
	3			2			4	
6								9
5			1		3			8
				9				
		6		5		7		
1			3		4			5
2								6
	9			8			1	

470

	6						1	
5				7				9
			4		5			
	2	1				4	3	
6				3				5
		3				9		
				8				
	1		5		7		2	
9								7

471

				1	9		4	
	3		5			2		6
			3			5		
	6	7					8	
8					5			
3				2	1			
	2	5					3	9
9			4			8		
	1					4		

472

		5		7				6
					3			
1					9		8	
				4			5	
7			1			4		
	8	4					9	
				6				7
		3	7		5			9
9						6	1	

473

4	1						9	6
				8				
		6				4		
		4				5		
6	5			2			7	9
				3				
			5		7			
	7	9				1	2	
3								4

474

				3				
			1		9			
		2				6		
6	1						3	8
		7		1		4		
			8	2	4			
		1				7		
	3			9			8	
9			6		5			2

475

						1	3	
					5			7
	8	7			3			9
9			6			4	2	
8			9				6	
	4	1					5	
	2					3		
		5			4			
			1	9				

476

8		7					1	
			4			2		
	5	3						9
				1			9	
		4	6		8	3		
	3			5				
1						8	2	
		6			3			
	4					9		7

477

9					1			5
	6			8		2		
		4					7	
					7		1	
	2				8			
3			4	9				
	3						2	6
		5	8			9		
1						3		

478

6			5					
		2			8	1		
	8	9					5	
2				7			9	
			9		2			
	3			6				8
	5					6	3	
		4	8			5		
					7			1

479

2			3					
	7				2		4	
		1					6	
			6		9	8	7	
5								
	4		8			3		
			9		7	5	3	
	5	2	1			4	8	

480

8		6	9			2		
				4				3
	9						5	
3				2				
		8	1		3	6		
				7				5
	1						2	
5			3					
		4			6	8		7

유니크니스 Uniqueness

퍼즐은 유일한 답을 가지므로 이를 활용해 숫자를 확정합니다.

	8			1				3
		3		2		4		
			3		4			
	3	2				5	4	
	5				6			
	1	2		9	7			
			4					
3			1		7			4
1		9		6		7		

→

4	8	9	67	1	5	2	3	67
1		3	67	2	8	4	9	567
		7	3	9	4	1		8
7	3	2	8	6	1	5	4	9
8	9	5	4	7	3	6		
6	4	1	2	5	9	7	8	3
9	7	8	5	4	2	3		
3		6	1	8	7	9		4
	1	4	9	3	6	8	7	

초·중급 기법으로 여기까지
진행 가능합니다.

4	8	9		1	5	2	3	
1		3		2	8	4	9	5
		7	3	9	4	1		8
7	3	2	8	6	1	5	4	9
8	9	5	4	7	3	6		
6	4	1	2	5	9	7	8	3
9	7	8	5	4	2	3		
3		6	1	8	7	9		4
	1	4	9	3	6	8	7	

5가 아닌 경우 6,7 페어가
확정될 수 없음.

유니크니스를 적용할 수 없는 대부분의 고급 난도 문제를 찍지 않고 풀기 위해서는 고급 기법으로 풀어야 합니다. 초·중급 기법은 숫자를 논리적으로 확정하는 방법, 고급 기법은 후보수를 논리적으로 지우는 방법으로 구분할 수 있습니다.

4	8	9		1	5	2	3	
1		3		2	8	4	9	
		7	3	9	4	1	56	8
7	3	2	8	6	1	5	4	9
8	9	5	4	7	3	6		
6	4	1	2	5	9	7	8	3
9	7	8	5	4	2	3		
3		6	1	8	7	9		4
1	4	9	3	6	8	7		

→

4	8	9		1	5	2	3	
1		3		2	8	4	9	
		7	3	9	4	1	5	8
7	3	2	8	6	1	5	4	9
8	9	5	4	7	3	6		
6	4	1	2	5	9	7	8	3
9	7	8	5	4	2	3		
3		6	1	8	7	9		4
5	1	4	9	3	6	8	7	

5일 때 첫 번째 세로줄에 5가
결정됩니다. 이 경우 9번방에
5가 못 들어갑니다. 따라서
후보수 5를 지울 수 있습니다.

또는

4	8	9		1	5	2	3	
1		3		2	8	4	9	
		7	3	9	4	1	5	8
7	3	2	8	6	1	5	4	9
8	9	5	4	7	3	6		
6	4	1	2	5	9	7	8	3
9	7	8	5	4	2	3		
3		6	1	8	7	9		4
	1	4	9	3	6	8	7	5

5일 때 9번방 5가 결정됩니다.
이 경우 첫 번째 세로줄에 5가
못 들어갑니다. 따라서 후보수
5를 지울 수 있습니다.

▎유니크니스 트레이닝

• 유니크니스 트레이닝을 위해 확정 가능한 숫자를 모두 찾은 후 후보수를 통해 중복 답을 가지지 않는 경우를 찾아보세요.

481

	1	5	2		8	6	7	
	4		3		5		9	
	8	3	4		9	1	5	
6				2				8
	9						2	
		1				9		
			8		7			

힌트
311쪽

유니크니스 트레이닝

- 유니크니스 트레이닝을 위해 확정 가능한 숫자를 모두 찾은 후 후보수를 통해 중복 답을 가지지 않는 경우를 찾아보세요.

482

	6				1	5		
		5				6		
3		7		5			4	8
	3		1		2			
	8			3			1	
			4		5		3	
9	1			6		8		4
		8				2		
		2	5				6	

힌트
311쪽

483

		4		5		8		
	9			4	8		3	6
		8			2		7	
	4	9		3				
3								5
				2		9	1	
	1		5			2		
6	7		2	8			9	
		2		1		3		

힌트
311쪽

484

2				1	8	4		
			3				7	
		5			9			
	7					1		
4				3			9	
9		8			5		6	
3			8			9		
	1			4	6		2	

힌트
311쪽

485

6								4
	2		4		3		1	
		5				9		
	1		3		7		2	
7			9		5			8
	3						5	
		7				3		
			1		2			
				8				

힌트
311쪽

486

1			9		5			3
2			1		6			4
				2				
			8		3			
9	6		2		4		3	1
8								5
6				4				7
	1						4	
3		2				6		9

힌트
311쪽

487

3		2		9		4		
	4						1	7
	1		4	8		7		
5			3		7			4
		8		6	2		5	
6	9						3	
		7		3		8		9

힌트
311쪽

488

	1				5			
		9	1			7		6
	6			2			4	
4					2		5	
		1				3		
	7		9					4
	2			8			7	
3		5			7	6		
			5				2	

힌트
311쪽

489

	8			5	2		9	4
4		6						
					9		3	
7			1		4			
3								1
			8		5			2
	5		3					
						9		6
2	6		9	4			5	

힌트 311쪽

490

7				9				1
		9				3		
	8		2	6	4		5	
	1						3	
		5				1		
9			6		8			2
		4	5		2	6		
	5			4			2	
6								5

힌트 311쪽

491

힌트
311쪽

		9	6					
6	7						2	
	1		7			6		
4		1	8			5		
			1	7	3			
		8			9	3		6
		2			1		4	
	5						6	8
					5	9		

492

힌트
312쪽

	6				5	9		
			9					7
9			1	2	8			
2		1				7	9	
		3				4		
	7	8				2		3
			8	5	9			2
5					6			
		9	2				1	

493

					7		6	
		4		9			1	7
	3		2					
2						3		
8	9			1			7	2
		3						6
					5		4	
1	2			6		8		
	6		8					

힌트
312쪽

494

			5		2			
	3	4				8	1	
9								3
8			1		5			2
	7			6			9	
1			6		3			7
	6						3	
	4			7			6	

힌트
312쪽

495

힌트
312쪽

		5	7					6
	2			8	1			
4			5			7		
2		7					1	
	6			3			9	
	3					5		8
		2			3			9
			4	9			8	
6					7	3		

496

힌트
312쪽

			5	3	2			
	3	4				8	1	
9								3
8			1		5			2
	7			6			9	
1			6		3			7
	6						3	
	4			7			6	

497

					1	8		
		5		4			2	
	8		2			6		
4		3	8				1	
7								6
	2				6	4		5
		1			5		7	
	4			8		5		
		6	9					

힌트
312쪽

498

	5			3	7	8		
	3		1					
		7			2		6	
4	7		9					
9								3
					5		2	6
	1		2			4		
				8			5	
		6		7			1	

힌트
312쪽

499

	6			5		3	4	
8		2			3			
	5		7				6	8
		9					7	
7				1				9
	8					2		
6	7				2		1	
			4			5		6
	4	3		8			2	

힌트
312쪽

500

			9			3	7	2
				5				
		8	3				4	6
6		4					5	
	5			8	9			
				7				
7						9		
3		9	2				1	5
4		6					3	7

힌트
312쪽

한국스도쿠선수권대회 KSC

- 연 1~2회
- 주관 : 한국창의퍼즐협회(http://www.koreapuzzle.org)
- 대회 시상자는 세계스도쿠선수권대회(WSC) 대한민국 국가대표 자격 부여
- 2006년 이탈리아 제1회 WSC를 시작으로 2019년 독일 제14회 WSC 개최
- 2020년 중국 제15회 WSC는 코로나로 연기된 데 이어 2021년 한 번 더 연기
- 2020년 KSC 또한 코로나로 인해 온라인 대회 진행
- WSC대회 출제 유형, 대회시간, 총점, 진행방식 매년 유동적
- http://puzzlerace.org 회원 가입 후 대회문제 열람 가능

대회 배점표

General(Including U12, U15, U18, O50)		
번호	유형	배점
1	Classic Sudoku	31
2	Classic Sudoku	27
3	Odd/Even Sudoku	32
4	Diagonal Sudoku	56
5	Odd Labyrinth Sudoku	47
6	Nonconsecutive Sudoku	52
7	Palindrome Sudoku	46
8	Between Sudoku	58
9	Clone Sudoku	35
10	Slot Machine Sudoku	120
11	Killer & Distances Sudoku	96
	60 Minutes	600

2021년 한국스도쿠선수권대회 포스터

인도 스도쿠 선수권대회 ISC

- 2020년까지 연 6회, 2021년 연 8회
- 주관 : 인도퍼즐협회(https://logicmastersindia.com)
- 참가 비용 : 무료
- 대회 기간 중 자율적으로 온라인 접속하여 참가(대회시간 90분)
- 대회 출제 유형

  6×6 클래식 스도쿠 4문제, 9×9 클래식 스도쿠 4문제

  6×6 변형 스도쿠 5문제, 9×9 변형 스도쿠 5문제
- 문제 배점은 문제 난이도에 따라 상이함
- 9×9 클래식 스도쿠의 경우 난이도에 따라 3~12점으로 배점(총점 100점)
- 90분 이내 모두 푼 경우 남은 시간을 보너스 점수로 가산
- 전 세계 최고의 스도쿠 선수들이 빠짐없이 참가하는 대회
- 초보자가 참가하기에 적합한 대회로 타인과의 경쟁이 아닌 자신의 점수를 지난 대회보다 높이기 위한 자신과의 경쟁으로 실력을 키울 수 있는 대회

2021년 대회

Round	Author	Dates
Standard	R.kumaresan	29 Jan~04 Feb 2021
Outside	Akash Doulani & Dhruvarajsinh Puwar	19~24 Feb 2021
Substitution & Neighbours	Ritesh Gupta	19~24 Mar 2021
Math	Madhav Sankaranarayanan	16~21 Apr 2021
Converse	Hemant Kumar Malani	23~28 Apr 2021
Irregular & Twisted Classics	James Peter	21~26 May 2021
Hybrids	Gaurav Kumar Jain	11~16 Jun 2021
Odd Even	Nityant Agarwal	25~30 Jun 2021

스도쿠그랑프리대회 GP

- 연 8회
- 주관 : 세계퍼즐협회(https://gp.worldpuzzle.org)
- 참가 비용 : 무료
- 대회 기간 중 자율적으로 온라인 접속하여 참가(대회시간 90분)
- 대회 출제 유형
  9×9 클래식 스도쿠 5~6문제
  9×9 변형 스도쿠 8~10문제
- 문제 배점은 문제 난이도에 따라 상이함.
- 9×9 클래식 스도쿠의 경우 난이도에 따라 14~49점으로 배점(총점 600점)
- 90분 이내 모두 푼 경우 남은 시간이 보너스 점수로 가산(분당 10점으로 초까지 계산)
- 전 세계 최고의 스도쿠 선수들이 빠짐없이 참가하는 대회
- 전 세계 50여 개국 700여 명이 참가하는 대회

2021년 대회

Round 1	Bulgaria	Jan 15th to 18th
Round 2	Serbia	Feb 12th to 15th
Round 3	Turkey	Mar 12th to 15th
Round 4	France & Hungary	Apr 9th to 12th
Round 5	The Netherlands	May 7th to 10th
Round 6	India	Jun 4th to 7th
Round 7	Poland	Jul 2nd to 5th
Round 8	Germany	Jul 30th to Aug 2nd

힌트

051~100번 힌트

051

1		8				3		
		7		9			1	6
2	4			5	1		3	
			2					1
	6	1				7	4	2
5		2	1		4			
	2			8			1	7
	3	5		1		6		
	1		9			8		3

052

2	3	5				4	8	1
1		4	5		3	9	2	
	9		4		2	5	3	
4	8			2		3	7	5
3		2		5	4			
	5	7		3			4	2
	4		2		5	6	9	3
5	2	3	6					4
6	7		3	4		2	5	8

053

6	5		8	3	7		4	
	2	7	6	5	4		3	8
3	8	4				5	6	7
4	3	8	5	7		6		2
	6		4	8	3	7	5	
7	1	5	9	6	2	4	8	3
5		6	7		8	3		4
	4		3		5	8	7	6
8	7	3	1	4	6			5

054

4	3	8		2		5	7	6
5	6		4		7	8		2
	2	7	6	5	8		4	
	7	4	8	6		1		5
	5		1	4	7	6	8	
6	8	1	7		5			4
8	1			7	6	4	5	
	5			4		6	8	7
7	4	6	5	8	3	9		1

055

1			5	4		6		7
	7	6		1	8	5	2	
	5		6	7	9			1
6				9		2	7	5
2	3		7	8	5			6
	5	7		2	6	8		
7		9	6	5	4			2
	6		8	7			5	
5		1		3		7	6	

056

3		5	7		6	1	8	9
9	2	7	8	1			6	
1	6	8	3	9		5	7	
		3		6	8		9	7
	1	6	9	7		8	4	
7	8	9				6		
		1	4	8	7	9		6
8	7			6	5	9		3
6	9					7		8

057

	9		7			8	3	
	8		5	1		7	2	9
		7	8		9	6		
7	4			9	1		8	
	3	9	2		8		7	
		8	3	7		4	9	
	1				7	9		8
9	6		1	8	2			7
8	7		9			1	4	

058

8	4		9		3		5	
1		3				8		2
			8		1			
3				9			2	
	2	5			8	4	3	
6	8			4				5
2				3			8	9
	9		7	8	6		4	
		8			9	1		

059

	6		2	9	4		1	
1		2			4	9	5	
9			1	5		2		8
2	1		9		5			
		3		1	2	6		9
	5	9		8			2	1
3	2	1				9		
4				2	9	1		3
	9		3		1		8	2

060

	7			1	5		9	
			4		3	1	5	
1		5				7		6
	9			5			1	
5		6	1		9	3		7
4	1	8				9		5
			5		1			
6	1		9			5	2	
5	7					4		1

061

	4	1	8	2	9	6		3
		5	1	3	4	2		7
3	2						4	1
	3			5	1	4	2	
	1	6	2	4	3	8		
2	5	4	7	9		3	1	
1	6	2					3	4
4			3	1		7		2
5		3	4		2	1		

062

		2				6		
	5		2	9			8	
	6		4		5		3	2
		5	3		2	1		
9				1			2	6
	2	8				4	7	
3			9	2	7			4
2			1		4			
		7		8		2		

063

					3		4	
	4	8		9		3		
3	5		7	4	1		9	
		1	6	2	4	7	3	
4			3		8			6
		3		1	5	4		
	7		4		9		5	3
		9		3		6	8	4
	3	4						

064

	4	9				5	7	
		1	8		4			9
7	6			1		4		
	3	4	2			9	8	
		6	4					5
	8					6		4
3			1	5	8	7	4	
4			9				5	
	5			4	2			

065

	4		6			5		7
2		7	5				8	6
5	6	1		7	9	2		
	9	6			5			
		8				6		5
		5	3	6			7	
6		2	9	4		7	5	8
	8			5	6	1		
	5					3	6	2

066

7	8	1			9			6
	5		6		1	9	7	8
6	9	2	7	8	3		1	
		9	2	7		6	8	1
1	4	7	8		6		9	
2	6	8	1	9	5	4		7
	2		9	1	7	8	6	3
9	7	6			8	1	4	
8	1			6		7		9

067

1					2			7
	7			9			2	
		4	8	7	3	5		
				1			7	
8		7	9		5			2
	9		7	6				
		3	4		7	8		
7	1			5			4	
4			3			7		9

068

	1			8	5		9	3
7		9					8	
		8	9	3	4		7	2
8		1	6	9				4
	6		8				2	9
9					2	8		
5	8		3	1	9			
1						9		8
3	9		2	4	8		6	

069

	4			1			9	
9	1	6			3			5
	2		4		9	1		
1		5	9		2		6	
3			1					9
	7	9	3			5	1	
		4			1	9	7	
8	9		6			2		1
	3	1		9			4	

070

3			7			5		6
	6			4	5		8	
5		9	6		2			1
1		6	5		3	4		
	5			6			7	
		8	9			6		5
2		5	8		6	3		
	4			5			6	
6		7			1		5	9

071

		8	7	3		1	2	
3		1		8	2		4	
2	9	5	6	4	1	7		3
1		2	3			8		
5	3		1	9			7	2
		7	4	2	6		3	1
		9		6	4	3	1	
	1			5	3	2		
	2	3		1	7	6		

072

7		4	5		2	1		8
	5	2					6	
9			4		3			2
		5		2		9		
				7			2	
2			6	3	4			5
	6		2	8			3	
		8	7		1	2		
4	2		3					9

073

7		3	4	6	2		5	9
	9	6		3	5	4	7	
	4	5				6		3
4	7		1	5	8		3	
3	5							4
	6		3	4	9		2	5
		4			3	5		
5	3			7	4		9	
6			5		1	3	4	8

074

	4					5		
5		8	7		2		4	
	2			4	5			1
	1	5			8	9	3	4
		7		6	4	1		
	9	4	1				8	
9			4	8			7	
4	5		6		7	2		
		6				4		

075

	4					5	6	
5		8				7		2
3			9		5			8
		7		8		3		
	6						5	
9				4				1
	7		1		6		8	
		3		9		2		
1	8		2		4		7	5

076

	6		1		8			7
8	7	2			6	4		
5	1	4		7		3	8	6
4		8	6		7			9
		5		8		7	6	
7	2	6				8	3	
6	5		7	2			1	8
2			8	6	9		7	3
	8	7				6		

077

8				4	7			9
7	2		1		9		8	
4	9	3		8		2		7
5		7	9	6		1		8
	8				1	9	7	
		9	7		8	6		
	5	8		1		7	9	
2	7		8	9	3			6
9				7		8		

078

8	4	1		6			9	2
5			2	9	1			8
	2	9		8		1	5	
	9		8	1	3		2	
1	8			7	2	9		3
	3	2	9		6	8	1	
2			1	4			8	9
9	1		6	2	8		3	
		8			9	2		1

079

	2	1			9			
4				5			1	9
	3	9	1				5	6
7					8	9	2	
6				9				4
9	5	4	2					1
3	9				5	4	6	
				8			9	7
			9			1	3	

080

					9		1	
		9	8			6	7	
8		5	6		2	9	3	
	7			9		1		
5		1	2		4	8	9	7
9		8		6			2	
	8		4		6	7		9
		4	9		3			
	9		1					

081

	9		1		6			
5		8		2		1		
	4		9		3		2	
	5		3	1	7		6	
		1		9		4		2
	8		6	1	2		3	
3				6				7
	2		4		9		1	
		4				2		

082

		3				1	2	
	1		5		2		7	4
	2			1				5
	3		9	2	8		5	
		2				3		
	6		3	2	1		8	
3				6			1	
2	7				4		9	
	9	4				7		

083

6						5	1	
	5	2				3	6	8
	8	3		9		4		
			1		8			
		6		7		8		
			5		2			
5		9		1		2	4	3
8	4					1	5	3
	3	1						7

084

3			4					
		1			3		7	
	2			5			4	8
1				6	7		8	4
				8	9		6	4
	6		1	4	4			9
7				2			1	
5	3		9			4		
2	1				5			6

085

			2	1		5		
		5				8		
8	1		6			9	4	
				5		6		
1	4	6						5
5	5	8	4		2	1	3	
	8	4			1		5	6
7					6		5	1
	2	1	5			4	9	8

086

2		8	1		9			5
	5	1			2			8
	9	4	3	5	8	2	1	
9				1	6	8	5	4
8		5		3		1	6	6
1				8	5		2	3
5	8	2	7	9	3	6	4	1
	1	9				4		2
4				2	1			9

087

	6	7	3					2
		5		7				6
	9	7	6		2		8	
6				2		1		
	8		1		5	6	9	7
		3		9				4
	2	6	5	8				1
7				6		2		
5					4		6	

088

			3			9		8
	5			7		6		8
		1	8	6	4			5
5	2	4	1			8		
	3			8		1	4	
8	8	8			3		5	9
1			6	5		2		
		9		4			8	
		5			9			

089

			5	4	3		6	9
					2			4
		3			1			7
4	9	9	3				8	
6			8		9			
3	8	2			5			
			1				9	3
2	9	9	4			1		
1	3	6			9	2		

090

		3		7				9
	8		9		4	3		
7		1					8	
8		6				3		2
3		3	5					
5		2			3	9		8
	2			3	1		6	
	3	9		7		5		
4			6	3	5			

091

	3				6	2	1	1
			1				3	
		1		2				5
	1	9	3	6				4
		4		5		6	1	1
2				1	7	3	9	
6					1	9		
1	7				2	1		
1		3	5			1	8	

092

	3	4	9	2	2		5	
	2							7
6					5	9	2	3
4			1				7	
		7		6	4	2		
	6		2		8			4
8	7	3	4	2	2			5
1		2					6	2
2	9	2			1	7	4	2

093

3						7	8	
6	1				4			2
		2			5			3
		4	3	3	6	1		
1	3	3		5	6			
4	9		8		7	3		
		1				2	3	
	6		3				4	
9	3	3	6	2				1

094

4								3
	6			7			2	
		8		2		6		
	4	1	9	4	2	5		
	8			3		4	6	
	4	5	8	4	1	9		
		4		9		2		
	3			5			7	
9			6		8			4

095

	5			7	3		5	
	5	1	8			7	5	6
	7			4			1	
	6			2			4	
1		5	4		6			3
3				1			9	
	8			5			6	
		9	7		1	5		
	1			6				

096

1	2	5		3	6	9		
	3					8	6	6
6				5				
8		9		7		2	6	6
		4	3	6		5	9	1
	6		1			6		9
	6	9				6	1	
9		7	6	2		3		8

097

9			7	5	7			
	7		6		8	4		
		5					7	
7	1		3			7	6	7
8			7		9			4
7	6				4			7
	3		7	9	7	8		
		7	1				2	
				7	4	7		

098

8								2
		5	8	2	8	3		
1			8	5	8			6
	8						2	
4			6		2	8	8	3
	1	3		8		6	7	
3		8		7		2		4
		2	8	1	8	9		
9								8

099

9		8				6		9
9	4	9	7		2	9	8	9
1		3		9		4		7
		1		4		7		
	8			7			6	
		5		8		3		
	2						9	
		4		2		5		
	9		5		3		1	

100

				1	1	2	1	
	1			7	5	4	3	
		8		1	1	6	1	
					8			1
1	3	1		4			6	
	7		9	1	1	5		
5	4	9			6	1		
1	6	1		9				4
			1				7	

301~380번 힌트

301

			8				4	
4			3	6		5	1	
	7		4		2		3	
7	6	9	5	4	8	1	2	3
1			6	7	3	8	9	4
8	4	3	9	2	1	7	6	5
	1		7	8	9	34	5	
5			1	3		9	7	
		7	2			34	8	1

302

				1				
				2				
	5	9	6		3	2		
26	4	26	3				5	
8			5		2			6
5	7	3				9	8	2
				5				
		5	8		4			
4	6	8	2	3	9	7	1	5

303

9						6	25	
		3			9	7	25	
	5		2			4	8	9
		9				1	4	
				7				5
	3				6			
1	6	2	7			3		4
		5	4					2
				2		5	1	

304

			57	57	9		2	
		9		2		5	7	
2	5	7	4	3	1	9	6	8
8	2		3		7		9	6
9	7	3		8		2	5	
4				9	2	8	3	7
3	9	2					1	5
7		8	2		5	3	4	9
5			9		3		8	2

305

	9		8			16	4	16
6					1		8	
8	1	4				9	3	7
1		6			3		9	
		9		1			5	
	2		6		9		7	
		7				5		3
3	5	1	2	7	4	8	6	9
		8				7		4

306

		3	6		1	8	5	
						1		6
1	6	8		5	4		2	
6			4					
				2		6	8	
		2		6	5	4		
28	7			3		9		
4	28	6		1			3	
3	5			4				8

307

			4		1		2	
		5				8	4	
	3						6	
1	8	3				4	7	2
					4		9	
49	6	49	1		2		3	
2	5	7		1		9	8	4
3	4	6		5		2	1	7
			2	4	7		5	

308

6					7	9		2
	9	1	6	4	2		8	
	2					6		4
4	6	7	2				9	
3	1	5				8	2	6
2	8	9			6	47	47	1
9		2		6			3	
	7			2	3	1	6	
1	3	6	5			2		

309

		3			9	6		12
	2		1		3			5
7		5			3	12		8
	5		2		4			3
	3			1				
			3		7		9	
3		6						4
5		2	4	3	6		8	9
	4	8				2	3	6

310

8		35	7					
2	1		4	9	6		5	
		35	8					
		1			8	2		
	8			4			6	
7	2		6		3			9
1		2				5		
	4		8	2	5	9	1	
9	5	8						2

311

	1	8			4	7		
6						4		
			9	2				
1	58				7	3		6
58	3						9	7
7	6		5					1
	7	1		6	2			4
	2	6					7	8
		5	7			6	1	2

312

5	3	4	6	8			2	
					9		5	
	9			5			8	
			2			6	9	7
		6		9			4	
7	1	9	8	6	4	2	3	5
9		2	17	17	8	4	6	3
			3				7	
			9	4	6	5	1	2

313

5	3		6	7		2		8
4	6	8			2		3	
	2		8		3			
		5	23	8			6	
2		3	5		6			1
	7	6	23	9				
			2			5		
3	5	2	4	6		1		9
6				3	5		2	

314

		2	9		1	4		
6	1	4		7		2		
4			6	8	2		1	
	9	3	1	4	6	5	2	
	5		7	2	8	1	9	3
2	1	3	5	6	9	8	7	4
	2		1	7	5		4	68
1			2		3	7	68	5
		8		6	2			1

315

9							1	3
2	1			4	6	7	9	
	5			9			8	
	8		9		2	3		
	9			4	8	6	2	
	2		7		8	9	5	
8		9				2		
5	6	2	4	7	9	1	3	8
1	3		28	28				9

316

4		13		13	5		6	
	2					4	1	3
		3	5		4	7		2
		2		3	6	8	4	
8	3	1				6	2	
6		4		8			3	5
2								4
3	4	7	6	1	9	2	5	8
		8				3		

317

	7			68	3		1	
9		3		4	68		2	
	8					6	3	
	7	6	5	9	1	8	3	
3	8	9	7	1	4	2	5	6
1		8	3	2				
		2	3		1	8		
8	3		2	7				1
7		1	4			3	6	2

318

		5	4		6	8		9
	6	19	2	19	5			
		9		8		1	6	
9	3	1				2	8	7
5	2	8	7	1	3	4	9	6
4	6	7	2	9	8	3	1	5
6	9		8		2	7		1
7	5	2				9	3	8
				7		6		

319

2			6		3			5
35	7					6	4	
1		35	6		8			2
		1	5		4			
		5		9		7		
		8				4	5	
6				3				9
	1						4	
		3				5		

320

	4						9	
		3				8		
			1	4	7			
6			3	5	9	4		7
		5	4	8	2	6		
4			7	6	1		5	8
			6	2	4			
		2				5	46	46
	6	4					3	

321

			6	2				
	6	4			1			
5						7	6	
	2		3	1	5	8		6
			2	6	9			
1		6	7	4	8		5	
	3	8	1					7
			4	37	37	9	1	8
				8	2			

322

1				8	3		2	4
	3			2	4		8	
		2		9	6		3	
			2			4		
			6		9	8		
		9	8		1	3		
	7	1	9	6		2	4	3
29	6		3				1	
3	29		4	1				8

323

	7		5				8	
2				9	8	5		7
5	8	9	7		2			6
	9	58	1		4		6	
			8		9		5	
	2	58	3		7		4	
8			9	7	5	6	2	
7	5	2		8			9	3
9	6		2			8	7	5

324

6		5	8	7		2		4
8	4		2	5			9	
3	27	27	1	4		8		5
		6			2	5	4	
9			4	6	5		7	
4	5	3	7	8	1	6	2	9
2		8	5		7	4		
	3	4	6	2	8	9	5	
5	6				4		8	2

325

		3	1	8	5	9		7
8	1					5	2	
9	7	5		4			1	
37			5					9
4	5	8		1		7		2
37					4			5
	3			9			5	1
	8	7		5			9	
5				2		6	7	

326

		8		7		5	2	3
5	7				8	9		
		6		5			7	8
		9	7			3		
1	3	7	5	8	9	6	4	2
		5			1	8	9	7
89	89			1	7	2		
7		2	8	6	5		3	9
6	5			9		7	8	

327

		17	6		3			8
		17	8		5		6	3
6	3	8	2	4	1		5	
	7		1			3		
1		9	4	3	7	6		
3		4	5		9		1	
	1			5			7	2
2			7		4			
7					2			

328

19				6				
		4	3		9	1	6	
19	7						5	
4	6	3				5	2	1
8		9		5		7	4	3
	1		4		3	8	9	6
		1				6		
	9			8			1	
	4						7	

329

	4	9	8		7		3	
					5		1	
	6	3	7		1		4	
						37		37
	7		3		4	9	8	
	3		9					
	1		4		8	5	7	

330

8			7	6	4	59	1	
	3	1	9	2	5		8	
			1	8	3	59		2
	6	5		9	2	1	4	
1	8		5	4	6	2		9
9				1	7	6	5	
	1			7	9	8	2	5
	7	9	2		8			1
2		8			1	7	9	

331

						5	1	
			8					4
		6		2	3	8		
		1	3			4	5	
8	3	2	7	5	4	1	6	9
	5	4				3		
		5	1	3		7	4	
4					9			15
	2	3						15

332

8	5	1				3	7	2
4	7	6	2	8	3	1		
3	9	2				6	4	8
	68		3	4	7			
			8					
	68		9	1	2			
2	1						6	
		7	6		8	2	1	4
6	4			2			3	

333

	6	9				8	5	1
	4	5	1		8	9	6	
	8	1	5	9	6		3	4
8	9	6		12	12	4	7	
1	3	4					2	9
5	7	2					1	8
6				4			9	
9	1		2		5		4	6
4	5						8	

334

6			9		8	2		5
		2	6		5	8		
8	1	5	3	7	2	9	4	6
			2	6	4			
	26		1	5	7			
	26		8	9	3			
7	4	6	5	8	1	3	2	9
		8	7	2	9	6		4
2			4	3	6		8	7

335

	9	8		3			2	
7	15	2			6	9	8	
	4	6	9	8	2	7	1	
8		1			3	4		
		9			8	1		
		5	2			8		
	6	4		2			7	8
	15	3	8				4	9
	8	7		4				1

336

			6	2	9	8		
8			4	7	5	16	3	
		6	3	1	8			5
6	2		5					1
	8	7		6	1	4	5	
1					3		6	
5				3		9		
	9			5	2	16		
		8	1	9		5		

337

			5				1	
	2	1		9				5
5		6		1			2	
3			9		5			
89	5	4	1			6	7	89
			4		8			2
				4		2		1
1				5			3	
	9				1			

338

	2	4				1		
9	7	56	56	1	3		4	
1		8		4				5
7			9	5	1	4	2	
4		9		2		6	5	1
2	5	1	4		6			
6	4	7	1	9	5	3	8	2
	1		8	6	2	9	7	4
8	9	2			4	5	1	6

339

3		9		4				5
1			9		7			3
		8		3		1		9
	9	3	8		5		1	6
	5	6	47	1	9		3	
		1	3	6		9	5	
9	1		2		3			7
	3		16	9	16		2	
6			47			3	9	1

340

		7		9		1	4	5
		6	3	4	1	9	2	7
4	1	9	5	2	7	6	8	3
167	4	5		8				9
17			9		4		6	
167	9	3				4		
9	7	4			2			
	6			1	9			4
		1	4				9	

341

7	9	8	1	4	5	2	3	6
5	6	4		2		7	8	1
1	2	3				5	4	9
2	4	5		6		1	9	8
8	1	9	2	5	4	6	7	3
3	7	6				4	5	2
4	3	1	8	7	2	9	6	5
9	5	2	4	3	6	8	1	7
6	8	7	5			3	2	4

342

7	4	5				6	3	1
6	9	3	7	5	1	4	2	8
1	2	8				7	5	9
4	1	9	3	7	8	5	6	2
2	5	6	9	1	4	8	7	3
3	8	7		6		1	9	4
8	3	1				2	4	7
5	7	2				9	1	6
9	6	4	1	2	7	3	8	5

343

3	9	6		8		5	4	1
4	8	5			1	3	7	2
7	2	1	4	3	5	9	6	8
8	7	9				2	1	5
5	3	2				6	8	4
6	1	4	5	2	8	7	9	3
2	5	8	1	7	9	4	3	6
1	6	7				8	5	9
9	4	3	8	5	6	1	2	7

344

2			7	8	1	5	9	4
5	8	1	4	9	3	6	7	2
9	7	4	6	2	5	1	8	3
7		8	1	3	2			6
1			5	6	4			7
4			9	7	8			1
6	1	7	2	5	9			8
3	2	9	8	4	6	7	1	5
8	4	5	3	1	7	2	6	9

345

1	7	6				8	2	3
9	8	2			3	7	4	5
3	4	5	8	7	2	9	1	6
6	5	1	3	9	4	2	7	8
	3	7				6	9	
	2	9				3	5	
2	9	4	5	3	8	1	6	7
7	1	3				5	8	9
5	6	8		1		4	3	2

346

4	8	9	7	3	2	5	1	6
5	3	7	8	1	6	9	2	4
2	6	1		9		7	8	3
8	9	2	1	4	3	6	5	7
			4			8	3	
	5	3				1	4	
9		8	2	5	4	3	6	1
	6	3				4		5
3	4	5	6		1	2		8

347

			2	9	6			
	1	6	4	7	5	9		2
7			1	3	8			
			5				4	
9	5	4	7	8	2	6	1	3
	2			4				
			9	2	7			8
	3	8	1	4	5	2		
			5	6	3			

348

4	3		9		1		6	
8	1			5	7	9	2	
9	5					1	3	4
	6	9	1	7		4	8	
	7	8	6		4		1	
3	4	1	8	5	9	2	7	6
6	8	4		1			5	
7	9	5				6	2	1
1	2	3	5	9	6		4	

349

	5		1	9	7			3
1	3	9	8	4	6	7	2	5
	8		3	5	2			9
	6	3	9	1	5			
9			2	8	3			6
8			6	7	4		9	3
7	2		4	6	9	3	5	
3		6	5	2	8	9		
5	9		7	3	1			

350

	2	1	5	4			6	3
	6	8			2		1	4
	4	9			1		2	7
4			9			6	8	
6					4	3	9	
9	8	2			5	4	7	1
8	5	4	2	1	6	7	3	9
2			4			1	5	6
1	9	6		5		2	4	8

351

		8	4	3	6	9	5	7
		7			5	8		
	5			8				1
9	6	1	5	7	4	2	8	3
3	8	2				7	4	5
5	7	4	3	2	8	1	6	9
8		9				5	7	
		5	8			6		
				5	1			8

352

1		7	3	9	4			
4	3	6				9	7	1
9	5		1	7	6	4		3
	1		4			3	9	8
		9		3		6	1	4
3			9	6	1	2	5	7
	7		6	4	9	1		
			7	1	2			9
	9	1	5	8	3	7	4	

353

		1	6		9	4		
7	9		4	5				6
	6	4					8	
4					7			1
				6			4	8
9			8	4				5
2	3	9				6	7	4
	4		7	9	6			
6		7	2	3	4	8		9

354

5	1	8	2	7	6	3	4	9
7	3	2	1	4	9	5	6	8
9	4	6				7	1	2
	8				4			7
		7			4			
4			7			3		
	5	3					7	4
	7	9	4		8	6	5	3
			4	3		7	2	

355

		7	8	5	4	9		
8	4	3	6	9		7		
9		5	7	3		4		8
1		9	3		8			6
			9		6			
	7		1		5		9	
7	8	4	5	6	3	1	2	9
		1	4	8	9			
	9	6	2	1	7		8	4

356

	2			7	5	3		
6	5	9	4	3	8	2	7	1
	7				2	9	5	
9	4	7	8	1	3	5	6	2
	6			2	4			
2	1				7	4		3
5	9	2	3	8	6			
1	3	6	7	4	9	8	2	5
7	8	4	2	5	1	6	3	9

357

	6			3		9		
	5		7			3		
			1		8			
			3		1	8		
	3	2		8			7	1
8		1	7		6			
	7	9	8	1	2			
		3	4	9	7	1		
4	1	8			3	2	9	7

358

	2	8				7	9	
9	7		2		8	3	1	
	1		7	9		8		2
	4	1				5	2	7
2		5	1		7	9	4	8
7	8	9			2	6	3	1
1				7		2		
4	5	7	3	2	6	1	8	9
	2					4	7	

359

	6	9	3		7	2	4	
	1	2		4			7	
	7	4	2	5		8		
4		6	7		5		1	2
1		5	4			7	9	
7		8	6			4	5	
9	4	3	1	7	2		6	
6	8	1	5	3	4	9	2	7
2	5	7		6		1	3	4

360

		4	7	5				2
	7			9	5	4		
		4		3				7
			5	7		8		
			8	2				4
8	1	7	3	4	6	2	5	9
	6		7	3		9	2	
7	8	2	5	9	4		1	
3			6	2				5

361

		2	8	4		7		
	4	5	9	7		3		
7	9	3	1	6		4		
4			7	2	5	8	3	
2			5		7	6		
	5	7	6	4		2		
		7		1		9		
	1		3		2	5	7	
	7		8		5	1		

362

9	1	4	6	3	8	7	5	2
	2		4	7		3		
	7	3	1					
3	9	1	5			2	8	7
			7		3	6		
7			9	8			3	4
	3	7	8	5				
1			3				7	
			2		7			3

363

		6	8					
8								6
7	6		5		4		1	8
		7				9	6	
	8		3	7	6	1		
2		6				8		7
	9	8	2	6	5	7	4	
		4		9		6		
6	7		1	4	3		8	9

364

3					8	1		2
	2	8		3			5	
	7		4				3	8
		5				2	1	
	3	2	8	1	9		4	
		1				8		
9	1	3		8	6		2	
	6	4		7		3		
2		7						1

365

			9		8	2		
	8	9			4			
	5	4	3		1	9	8	6
4	9	8			5	7	3	2
			7	9	2			8
6	7	2	8	4	3	1	9	5
8		6	5		7		1	9
			4		9	8		
9		3		8	6			

366

4				5				3
2	8		6		1			
1		5	4			9		
	1		2	4				9
9								4
7	4				3		2	
8		4	3		2			
			1		4	3	8	
3		1		8				6

367

5	6	9				4	7	1
		7	5	4	1	6	8	9
8	4	1	7	9	6	5	3	2
	7			6			9	
6			9					
9		4	8		7			6
4	9	2	1				6	
1	8	3	6	7	9	2	4	5
7	5	6		2		9		8

368

7		6	2	1	8	5		4
	2	5	7	9		8		
8			5	6		2		
		8	9		7			5
9	5		6		2		8	7
			1	8	5	3		
5		9		2	6	7		1
				7	1	9	5	
3			5	9	6			

369

9	7	6	2	8	4	5	1	3
2	5	4				6	8	
								2
4				1	2			
8	1	2	4		6		5	
7	6				8	1	4	2
3	2			4				8
	4		8		9	2	3	
	9			2			7	

370

				4	3	7		5
				6	1	2	7	3
7		3	9	8	5		1	
1	5		8		3	9		
3		9				8	5	
	7		5	9			4	3
	9			5				
	3	2	7		8		6	
6					9			

371

2	5			8	1		3	
4		3	9	2		8		6
			7		3		2	
			2				3	
7		2		4				1
9					7			2
	2		4					
1		5		9	8	2		
		8		7	2		9	

372

	6					3		
			5	6	9			
8			3	2				6
6	3	5		9		1	7	
4		7		3	5			9
	2			7			5	
			6		3			
	7						2	
		1		8		8		

373

	7		5	3			6	1
	5			1		7	4	
1		7			8	3	5	
5		7				3	9	2
4			9	2	5			7
	2			7	5			6
		6	2		7		5	9
2	9	5			3	7		8
7	4	1	9	5	8	6	2	3

374

	8			9	5		6	4
			7			3	9	
		9				5	1	
	3							5
2			5	1				9
5							7	
	7					6		
		2			8			
1			4	6			2	

375

				6				
	5		3		8			
				4		1	6	
7	2		6	8			3	9
		8			7	6		
	9			3		7		
		7	8		2		4	
1	3	4			8		6	
		5		3		1		

376

8	6	7	2	3	4			
	5		6	8		2	7	3
3	2					8	4	6
8		5		3		1		
4	2	8	6		9	3		
7	3					8		
9	8				3	6		
1		3		8		2		
3	5	4		6				8

377

		6	9			2		
5							9	
		1			3	5		4
			3	4	9	6		
			2	8	5			
		8	6	7	1			
4			1			8		
8	1						5	
		2			8	7		

378

	6	2		3			7	
7		4	6	9				2
	1	9		2	7			
	9			7		8	3	
2	7	6		8		1	9	4
	8			9			2	
6	2			1			4	
9			7	4	6	2		8
1	4			5			6	

379

				9		4		2
	9				4		5	7
	7	8	16		3	16		9
7	8	4	1	5	6	2	9	3
6	9	2	4				7	
1	5	3	7	2	9	6	4	8
9			3	4		7		
3	7	5			1		2	4
				7			3	6

380

1			5	7	8			3
			9		6		8	
3		8		4		5		67
8	5	6	7	9	4	3	2	1
	7	8				6	5	9
9	3					7	4	8
		4		2		8		67
	8		1		7			
6			4	8	9			5

481~500번 힌트

481

			9		6			
9	1	5	2	4	8	6	7	3
	4	6	3		5		9	
	8	3	4	6	9	1	5	
1	257	4	57	8	3		6	9
6	57	9	57	2	1			8
	9		1		4		2	6
		1	6		2	9		
	6	2	8	9	7			

482

8	6				1	5		
1		5	8			6		
3	2	7	69	5	69	1	4	8
	3	6	1		2		8	5
5	8		679	3	69		1	2
2		1	4	8	5		3	6
9	1	3	2	6	7	8	5	4
6	5	8				2		
		2	5		8	3	6	

483

		4		5		8	2	
2	9			4	8	5	3	6
		8			2	14	7	149
	4	9		3			8	2
3	2		8				4	5
8				2		9	1	3
	1	3	5			2	6	8
6	7	5	2	8	3	14	9	14
	8	2		1		3	5	7

484

2	69	3	7	1	8	4	5	69
1	69	4	3	5	2		7	689
7	8	5	4	6	9	2	1	3
	7		9	8	4	1	3	
4		1	6	3	7		9	
9	3	8	1	2	5	7	6	4
3			8	7	1	9	4	
8	1	9	5	4	6	3	2	7
	4	7	2	9	3		8	1

485

6	7	3	5	9	1	2	8	4
8	2	9	4		3		1	
1	4	5				9		3
5	1	8	3		7		2	9
7	6		9		5		3	8
9	3						5	
2	8	7	6	5	49	3	49	1
4		6	1	3	2	8		
3		1	7	8	49		469	2

486

1	7	4	9	8	5	2	6	3
2	89	89	1	3	6			4
5	3	6	4	2	7			8
4	5	1	8		3		2	6
9	6	7	2	5	4	8	3	1
8	2	3				4		5
6	89	589		4	2			7
7	1						4	2
3	4	2				6		9

487

7	58	1	6			9	2	358
3	58	2	7	9	1	4	6	58
9	4	6					1	7
2	1	3	4	8	5	7	9	6
5	6	9	3	1	7	2	8	4
4	7	8	9	6	2		5	
6	9			7			3	
1	2	7	5	3	6	8	4	9
8	3				9	6	7	

488

78	1	4	378	6	5	2		
2	5	9	1			7		6
78	6	3	78	2	9		4	
4	3	8	6	1	2	9	5	7
5	9	1		7		3	6	2
6	7	2	9	5	3			4
9	2	6		8	1		7	
3		5	2		7	6		
1		7	5		6		2	

489

1	8	3	6	5	2	7	9	4
4	9	6	7	8	3			5
5	7	2	4	1	9	6	3	8
7	2	58	1		4	358		9
3	4	58	2	9		58		1
6	1	9	8		5			2
9	5		3					7
8	3		5			9		6
2	6		9	4			5	3

490

7	4	6	3	9	5	2	8	1
5	2	9				3	6	4
13	8	13	2	6	4		5	
2	1	8	4	5			3	6
4	6	5		2	3	1		8
9			6	1	8	5	4	2
8		4	5		2	6	1	
13	5	137		4	6	8	2	
6		2				4		5

491

		9	6					
6	7						2	
	1		7			6		
4	3	1	8	2	6	5		
5	9	6	1	7	3		8	
7	2	8			9	3	1	6
	68	2		68	1	7	4	5
	5				7		6	8
	468	7		68	5	9	3	

492

1	6				5	9		
	5	9	6			1		7
9		7	1	2	8	56		456
2	5	1				7	9	
6	9	3			2	4		1
4	7	8		9	1	2		3
7	1	6	8	5	9	3	4	2
5				1	6	8	7	9
		9	2		7	56	1	56

493

		2			7		6	3
		4	3	9		2	1	7
	3		2					
2		6			3			
8	9	6		1	3		7	2
		3			2	1		6
3	7	8		2	5	6	4	
1	2	59	7	6	4	8	3	59
4	6	59	8	3		7	2	159

494

	8	1	5	3	2		4	
2	3	4	7	9	6	8	1	5
9	5						2	3
8	9	36	1	4	5	36	7	2
	7	2	3	6	8		9	
	1	356	9	2	7	356		
1	2	9	6		3	4		7
	6						3	
	4			7			6	

495

		5	7	4		8		6
7	2	6	3	8	1	9	45	45
4			5			7		1
2						4	1	3
	6			3		2	9	7
	3			7		5	6	8
	4	2			3		7	9
	7		4	9			8	
6					7	3	245	245

496

	8	1	5	3	2		4	
2	3	4	7	9	6	8	1	5
9	5						2	3
8	9	36	1	4	5	36	7	2
	7	2	3	6	8		9	
	1	356	9	2	7	356		
1	2	9	6		3	4		7
	6						3	
	4			7			6	

497

			5		1	8		
	1	5		4	8		2	
	8	4	2	7		6	5	1
4	6	3	8	5			1	
7	5	89		1			389	6
1	2	89	7		6	4	389	5
8		1			5		7	
	4		1	8		5	6	
5		6	9	2		1		8

498

2	5		6	3	479	8	79	
6	3		1		479	5	79	2
		7			2	3	6	
4	7	2	9	6	3	7	8	5
9	6	5	8	2	1	1	4	3
	8		7	4	5	9	2	6
	1		2		6	4	3	
	2			1	8	6	5	
		6		7		2	1	8

499

9	6	7		5		3	4	2
8	1	2	6	4	3	7	9	5
3	5	4	7	2	9	1	6	8
	23	9	238				7	
7	23		238	1				9
	8					2		
6	7				2		1	
2	9		4			5		6
	4	3		8	6	9	2	7

500

5	4	1	9	6	8	3	7	2
2	6	3	7	5	4			
9	7	8	3	12	12	5	4	6
6	9	4	1	23	23	7	5	8
1	5	7		8	9			3
8	3	2		7				
7		5		13	136	9		4
3	8	9	2	4	7	6	1	5
4		6		9			3	7

해답

001

1	3	8	6	5	4	2	9	7
2	9	5	8	7	3	6	1	4
6	4	7	1	9	2	8	5	3
5	2	6	4	3	7	1	8	9
9	8	4	5	1	6	3	7	2
3	7	1	2	8	9	5	4	6
4	1	9	3	6	5	7	2	8
7	5	3	9	2	8	4	6	1
8	6	2	7	4	1	9	3	5

002

5	6	7	3	9	4	8	1	2
8	2	9	5	7	1	3	6	4
1	3	4	8	6	2	5	7	9
4	1	2	9	3	5	7	8	6
3	7	8	4	2	6	9	5	1
9	5	6	7	1	8	4	2	3
2	4	3	1	5	7	6	9	8
7	8	1	6	4	9	2	3	5
6	9	5	2	8	3	1	4	7

003

5	7	9	6	4	8	1	2	3
2	4	6	3	1	9	8	5	7
1	8	3	7	5	2	9	6	4
3	5	1	8	9	6	7	4	2
9	2	8	4	7	5	6	3	1
7	6	4	2	3	1	5	9	8
8	9	7	5	2	3	4	1	6
4	3	5	1	6	7	2	8	9
6	1	2	9	8	4	3	7	5

004

3	5	9	1	4	6	7	2	8
6	4	8	7	2	9	3	1	5
2	7	1	8	3	5	6	4	9
4	6	5	9	1	3	8	7	2
1	2	3	5	8	7	9	6	4
8	9	7	4	6	2	5	3	1
7	8	6	2	5	1	4	9	3
5	3	2	6	9	4	1	8	7
9	1	4	3	7	8	2	5	6

005

9	7	6	2	8	4	5	3	1
8	2	3	6	5	1	7	9	4
5	4	1	7	3	9	2	6	8
3	5	2	9	1	7	8	4	6
1	8	4	5	2	6	9	7	3
6	9	7	8	4	3	1	5	2
7	1	9	3	6	8	4	2	5
2	3	8	4	9	5	6	1	7
4	6	5	1	7	2	3	8	9

006

6	9	4	7	5	2	8	1	3
2	7	3	8	4	1	9	6	5
8	1	5	6	9	3	2	4	7
9	3	6	5	8	7	4	2	1
1	5	8	2	3	4	6	7	9
7	4	2	1	6	9	5	3	8
4	8	1	9	7	6	3	5	2
5	6	7	3	2	8	1	9	4
3	2	9	4	1	5	7	8	6

007

6	8	1	7	3	9	4	5	2
7	5	9	6	4	2	3	1	8
2	4	3	5	8	1	7	6	9
8	7	4	9	6	3	5	2	1
9	2	6	1	7	5	8	3	4
3	1	5	4	2	8	6	9	7
1	3	2	8	5	7	9	4	6
5	6	7	2	9	4	1	8	3
4	9	8	3	1	6	2	7	5

008

9	2	1	3	7	6	8	5	4
6	7	5	8	4	1	9	3	2
4	8	3	5	9	2	1	6	7
3	9	2	7	6	8	4	1	5
8	5	7	1	3	4	6	2	9
1	6	4	2	5	9	7	8	3
2	4	9	6	8	3	5	7	1
5	3	8	9	1	7	2	4	6
7	1	6	4	2	5	3	9	8

009

9	5	8	2	7	1	4	6	3
7	1	4	6	3	9	8	5	2
3	6	2	4	8	5	1	7	9
4	2	3	8	6	7	5	9	1
5	7	9	1	2	4	3	8	6
6	8	1	5	9	3	7	2	4
2	3	5	9	4	8	6	1	7
8	9	7	3	1	6	2	4	5
1	4	6	7	5	2	9	3	8

010

1	8	3	2	6	5	9	7	4
2	9	7	8	1	4	5	3	6
5	4	6	3	7	9	8	2	1
7	5	9	4	8	6	2	1	3
6	1	8	5	2	3	7	4	9
3	2	4	7	9	1	6	8	5
8	3	1	6	5	7	4	9	2
9	7	5	1	4	2	3	6	8
4	6	2	9	3	8	1	5	7

011

3	8	1	6	2	4	5	9	7
4	9	5	7	3	1	6	2	8
2	6	7	8	5	9	1	3	4
8	3	6	4	9	2	7	1	5
1	7	4	5	6	3	9	8	2
5	2	9	1	8	7	3	4	6
9	5	2	3	4	6	8	7	1
6	1	3	2	7	8	4	5	9
7	4	8	9	1	5	2	6	3

012

1	8	6	9	4	7	2	5	3
4	7	9	2	5	3	6	1	8
5	2	3	8	6	1	7	9	4
7	9	1	5	3	8	4	2	6
2	6	8	1	7	4	9	3	5
3	4	5	6	2	9	1	8	7
9	3	2	7	8	6	5	4	1
8	5	7	4	1	2	3	6	9
6	1	4	3	9	5	8	7	2

013

8	4	1	6	9	7	5	2	3
7	2	3	1	5	4	8	9	6
5	6	9	2	8	3	7	4	1
9	3	8	4	2	5	1	6	7
6	1	7	8	3	9	4	5	2
4	5	2	7	1	6	9	3	8
3	8	5	9	7	2	6	1	4
2	7	6	5	4	1	3	8	9
1	9	4	3	6	8	2	7	5

014

4	1	9	2	6	8	7	3	5
3	6	8	7	9	5	2	4	1
2	7	5	3	4	1	6	9	8
7	4	3	1	5	2	8	6	9
5	2	6	4	8	9	3	1	7
9	8	1	6	7	3	4	5	2
1	9	4	8	2	6	5	7	3
8	5	7	9	3	4	1	2	6
6	3	2	5	1	7	9	8	4

015

5	1	2	4	6	3	9	7	8
7	9	4	1	5	8	6	3	2
3	6	8	2	7	9	5	4	1
4	7	6	8	3	5	2	1	9
9	8	3	6	1	2	4	5	7
1	2	5	9	4	7	8	6	3
6	5	9	7	8	1	3	2	4
2	4	1	3	9	6	7	8	5
8	3	7	5	2	4	1	9	6

016

2	1	6	9	4	3	7	5	8
4	7	3	2	5	8	9	1	6
8	5	9	6	1	7	3	4	2
3	9	8	5	2	6	1	7	4
1	2	4	8	7	9	6	3	5
5	6	7	4	3	1	8	2	9
9	4	1	3	6	5	2	8	7
6	3	2	7	8	4	5	9	1
7	8	5	1	9	2	4	6	3

017

5	8	9	7	1	2	4	3	6
7	4	6	9	3	8	1	2	5
2	3	1	4	5	6	8	7	9
3	5	2	8	4	1	6	9	7
9	6	8	2	7	5	3	1	4
4	1	7	3	6	9	5	8	2
8	2	3	5	9	4	7	6	1
6	9	4	1	8	7	2	5	3
1	7	5	6	2	3	9	4	8

018

5	2	6	9	7	3	1	4	8
4	7	1	8	2	6	5	3	9
8	9	3	4	5	1	6	2	7
7	1	4	3	6	5	9	8	2
6	5	8	2	9	4	7	1	3
9	3	2	7	1	8	4	5	6
3	8	9	5	4	7	2	6	1
2	6	5	1	3	9	8	7	4
1	4	7	6	8	2	3	9	5

019

1	9	5	6	8	7	4	3	2
8	3	4	1	2	9	7	5	6
2	7	6	3	5	4	1	8	9
6	1	8	9	3	5	2	4	7
7	5	3	2	4	6	9	1	8
4	2	9	7	1	8	3	6	5
3	6	1	8	7	2	5	9	4
5	8	7	4	9	3	6	2	1
9	4	2	5	6	1	8	7	3

020

9	3	4	8	6	7	5	1	2
2	6	8	4	5	1	7	9	3
5	7	1	3	9	2	4	6	8
7	4	9	5	8	6	2	3	1
8	1	5	2	7	3	9	4	6
6	2	3	9	1	4	8	5	7
1	9	7	6	2	5	3	8	4
4	5	2	1	3	8	6	7	9
3	8	6	7	4	9	1	2	5

021

5	2	6	8	4	3	9	1	7
1	4	3	6	9	7	5	8	2
8	9	7	1	5	2	3	6	4
6	7	2	9	3	8	4	5	1
9	1	8	5	6	4	7	2	3
4	3	5	7	2	1	6	9	8
3	8	9	4	1	5	2	7	6
7	5	4	2	8	6	1	3	9
2	6	1	3	7	9	8	4	5

022

3	5	4	6	7	1	8	2	9
2	7	8	4	9	5	3	1	6
1	9	6	2	8	3	5	4	7
7	4	3	5	1	9	2	6	8
6	1	9	3	2	8	7	5	4
5	8	2	7	4	6	1	9	3
4	3	1	8	6	2	9	7	5
8	2	7	9	5	4	6	3	1
9	6	5	1	3	7	4	8	2

023

8	4	7	9	2	6	5	3	1
3	5	2	8	4	1	6	7	9
6	9	1	7	5	3	4	2	8
5	3	6	2	1	9	8	4	7
1	8	9	4	3	7	2	6	5
7	2	4	5	6	8	1	9	3
4	1	8	3	9	2	7	5	6
9	7	5	6	8	4	3	1	2
2	6	3	1	7	5	9	8	4

024

1	4	7	8	3	5	2	9	6
5	6	9	4	2	7	1	3	8
3	2	8	1	6	9	5	7	4
9	8	5	3	7	1	6	4	2
2	3	6	5	8	4	9	1	7
4	7	1	6	9	2	8	5	3
6	9	3	7	1	8	4	2	5
7	1	4	2	5	6	3	8	9
8	5	2	9	4	3	7	6	1

025

3	2	4	1	7	5	9	6	8
1	5	6	8	9	4	2	3	7
9	7	8	2	6	3	5	1	4
8	3	9	7	4	6	1	5	2
7	6	2	5	1	8	3	4	9
5	4	1	9	3	2	7	8	6
6	1	7	4	5	9	8	2	3
4	8	5	3	2	7	6	9	1
2	9	3	6	8	1	4	7	5

026

3	2	9	6	4	8	5	1	7
6	5	4	9	1	7	2	8	3
1	8	7	5	3	2	9	6	4
2	6	5	4	9	3	8	7	1
9	3	1	7	8	6	4	2	5
7	4	8	2	5	1	6	3	9
5	1	6	3	2	9	7	4	8
4	7	3	8	6	5	1	9	2
8	9	2	1	7	4	3	5	6

027

9	2	4	8	5	1	6	3	7
5	6	3	2	9	7	8	4	1
7	1	8	4	3	6	5	9	2
3	4	6	5	1	8	2	7	9
2	8	7	3	6	9	4	1	5
1	5	9	7	4	2	3	8	6
8	9	1	6	2	3	7	5	4
6	7	5	1	8	4	9	2	3
4	3	2	9	7	5	1	6	8

028

1	7	4	6	8	2	9	5	3
5	8	2	3	4	9	6	1	7
6	3	9	7	1	5	8	4	2
3	6	1	9	2	4	7	8	5
4	2	8	5	3	7	1	6	9
7	9	5	1	6	8	2	3	4
9	1	3	2	5	6	4	7	8
2	4	6	8	7	3	5	9	1
8	5	7	4	9	1	3	2	6

029

7	2	1	6	4	8	9	5	3
9	8	4	5	1	3	2	6	7
6	5	3	9	2	7	8	4	1
4	3	2	7	9	6	5	1	8
1	7	8	2	3	5	6	9	4
5	6	9	1	8	4	3	7	2
3	9	7	4	6	2	1	8	5
2	4	6	8	5	1	7	3	9
8	1	5	3	7	9	4	2	6

030

1	3	8	2	7	9	5	4	6
9	6	4	5	3	8	2	7	1
7	5	2	6	4	1	3	8	9
4	9	7	3	1	5	6	2	8
3	8	6	9	2	4	1	5	7
2	1	5	7	8	6	9	3	4
5	7	1	8	9	3	4	6	2
6	2	9	4	5	7	8	1	3
8	4	3	1	6	2	7	9	5

031

7	9	8	1	2	4	6	3	5
5	4	3	8	6	9	2	1	7
2	6	1	3	7	5	4	8	9
6	3	9	4	1	2	5	7	8
8	2	7	9	5	3	1	6	4
1	5	4	7	8	6	3	9	2
3	8	6	2	4	7	9	5	1
9	1	2	5	3	8	7	4	6
4	7	5	6	9	1	8	2	3

032

3	9	2	1	7	8	6	4	5
5	1	8	6	4	3	9	2	7
6	4	7	9	2	5	1	3	8
8	2	3	5	9	6	7	1	4
4	7	1	8	3	2	5	9	6
9	6	5	7	1	4	3	8	2
1	5	6	4	8	9	2	7	3
2	8	9	3	6	7	4	5	1
7	3	4	2	5	1	8	6	9

033

8	6	4	2	3	1	7	9	5
1	9	3	8	5	7	2	4	6
2	5	7	6	9	4	1	3	8
5	1	8	7	6	3	4	2	9
9	7	2	4	1	5	8	6	3
4	3	6	9	2	8	5	7	1
6	8	1	3	7	2	9	5	4
7	4	9	5	8	6	3	1	2
3	2	5	1	4	9	6	8	7

034

8	3	6	7	2	5	4	1	9
9	7	1	3	4	8	6	5	2
4	5	2	9	6	1	8	3	7
6	1	9	4	8	7	5	2	3
7	8	5	6	3	2	9	4	1
3	2	4	1	5	9	7	6	8
5	4	8	2	7	3	1	9	6
1	6	3	8	9	4	2	7	5
2	9	7	5	1	6	3	8	4

035

1	7	4	6	9	5	3	8	2
3	2	8	7	1	4	9	6	5
6	5	9	2	8	3	1	4	7
8	4	3	9	5	2	6	7	1
2	1	5	4	6	7	8	9	3
9	6	7	1	3	8	5	2	4
5	9	2	8	7	1	4	3	6
4	8	1	3	2	6	7	5	9
7	3	6	5	4	9	2	1	8

036

9	7	6	8	3	1	4	5	2
1	5	2	4	7	9	8	3	6
4	8	3	6	2	5	9	7	1
6	4	8	2	5	7	3	1	9
5	3	7	9	1	4	6	2	8
2	1	9	3	6	8	5	4	7
3	6	1	5	9	2	7	8	4
7	9	4	1	8	3	2	6	5
8	2	5	7	4	6	1	9	3

037

7	4	3	6	9	2	5	1	8
5	2	6	7	1	8	3	9	4
8	9	1	4	5	3	7	2	6
4	7	9	1	2	6	8	5	3
6	1	2	3	8	5	9	4	7
3	8	5	9	4	7	2	6	1
9	6	7	5	3	4	1	8	2
1	3	8	2	6	9	4	7	5
2	5	4	8	7	1	6	3	9

038

5	9	2	6	1	8	4	7	3
6	8	4	3	7	9	5	2	1
1	7	3	2	4	5	9	6	8
3	2	6	4	5	1	8	9	7
8	1	7	9	3	2	6	4	5
4	5	9	8	6	7	1	3	2
9	4	5	1	2	3	7	8	6
7	3	8	5	9	6	2	1	4
2	6	1	7	8	4	3	5	9

039

4	9	5	2	8	3	1	7	6
2	3	8	1	7	6	9	5	4
7	6	1	9	5	4	8	2	3
1	7	3	5	2	8	4	6	9
9	8	6	3	4	7	5	1	2
5	4	2	6	9	1	7	3	8
6	5	9	8	1	2	3	4	7
3	1	4	7	6	9	2	8	5
8	2	7	4	3	5	6	9	1

040

2	8	6	3	1	7	5	4	9
3	4	9	2	6	5	1	7	8
7	1	5	9	4	8	6	2	3
6	3	4	1	9	2	7	8	5
9	5	1	8	7	3	2	6	4
8	7	2	6	5	4	9	3	1
1	2	3	7	8	9	4	5	6
4	9	7	5	3	6	8	1	2
5	6	8	4	2	1	3	9	7

041

6	9	8	2	5	3	4	1	7
4	3	1	8	9	7	6	2	5
7	5	2	6	4	1	8	9	3
5	6	3	7	2	8	9	4	1
1	7	4	9	6	5	3	8	2
2	8	9	3	1	4	7	5	6
3	2	5	4	8	6	1	7	9
8	1	7	5	3	9	2	6	4
9	4	6	1	7	2	5	3	8

042

5	6	3	7	1	8	4	9	2
1	4	8	2	9	5	7	6	3
2	7	9	3	6	4	1	8	5
9	8	6	1	5	2	3	4	7
3	1	5	6	4	7	8	2	9
7	2	4	9	8	3	6	5	1
6	5	1	4	3	9	2	7	8
4	9	2	8	7	1	5	3	6
8	3	7	5	2	6	9	1	4

043

7	9	4	2	1	8	6	3	5
6	2	5	9	3	7	4	8	1
3	8	1	6	5	4	7	9	2
1	5	7	4	8	3	2	6	9
4	6	8	1	9	2	5	7	3
9	3	2	7	6	5	8	1	4
2	4	6	3	7	9	1	5	8
8	1	9	5	4	6	3	2	7
5	7	3	8	2	1	9	4	6

044

5	9	3	8	1	7	2	6	4
8	2	6	9	3	4	7	5	1
1	4	7	6	2	5	8	9	3
4	7	9	2	8	1	5	3	6
6	1	2	5	7	3	4	8	9
3	5	8	4	9	6	1	2	7
7	8	4	3	6	2	9	1	5
2	3	5	1	4	9	6	7	8
9	6	1	7	5	8	3	4	2

045

6	5	4	1	8	2	3	9	7
3	1	8	6	9	7	5	2	4
2	9	7	3	4	5	8	6	1
8	3	6	7	1	9	2	4	5
1	7	9	2	5	4	6	8	3
5	4	2	8	3	6	1	7	9
7	8	3	9	2	1	4	5	6
9	2	5	4	6	3	7	1	8
4	6	1	5	7	8	9	3	2

046

7	8	9	4	3	1	2	6	5
6	1	3	2	9	5	8	4	7
2	4	5	6	7	8	1	9	3
4	5	2	9	6	7	3	1	8
3	6	8	5	1	4	7	2	9
9	7	1	8	2	3	6	5	4
1	3	4	7	5	6	9	8	2
8	2	7	1	4	9	5	3	6
5	9	6	3	8	2	4	7	1

047

4	9	6	8	3	2	5	1	7
1	3	8	5	4	7	9	6	2
7	5	2	9	6	1	8	3	4
8	2	1	4	5	3	7	9	6
5	7	9	6	1	8	4	2	3
6	4	3	7	2	9	1	8	5
9	8	4	3	7	6	2	5	1
3	1	7	2	9	5	6	4	8
2	6	5	1	8	4	3	7	9

048

7	4	8	3	6	9	5	1	2
5	2	9	1	4	7	3	6	8
6	1	3	5	2	8	4	9	7
3	5	7	6	1	2	9	8	4
4	8	1	9	5	3	2	7	6
9	6	2	7	8	4	1	3	5
1	9	6	4	7	5	8	2	3
8	3	4	2	9	6	7	5	1
2	7	5	8	3	1	6	4	9

049

5	8	2	9	6	3	1	7	4
1	3	4	7	5	8	9	6	2
7	9	6	4	1	2	8	3	5
6	2	8	1	4	9	7	5	3
9	1	7	3	2	5	4	8	6
4	5	3	6	8	7	2	9	1
8	4	1	5	7	6	3	2	9
3	7	5	2	9	1	6	4	8
2	6	9	8	3	4	5	1	7

050

8	3	6	1	9	2	5	4	7
5	1	9	3	4	7	2	8	6
4	2	7	5	8	6	9	3	1
2	6	1	9	5	4	3	7	8
3	5	8	7	2	1	6	9	4
9	7	4	8	6	3	1	2	5
1	9	5	2	7	8	4	6	3
6	8	3	4	1	9	7	5	2
7	4	2	6	3	5	8	1	9

051

1	9	8	6	4	3	2	7	5
3	5	7	8	9	2	1	6	4
2	4	6	7	5	1	9	3	8
4	7	3	2	6	9	5	8	1
9	6	1	5	3	8	7	4	2
5	8	2	1	7	4	3	9	6
6	2	9	3	8	5	4	1	7
8	3	5	4	1	7	6	2	9
7	1	4	9	2	6	8	5	3

052

2	3	5	9	6	7	4	8	1
1	6	4	5	8	3	9	2	7
7	9	8	4	1	2	5	3	6
4	8	6	1	2	9	3	7	5
3	1	2	7	5	4	8	6	9
9	5	7	8	3	6	1	4	2
8	4	1	2	7	5	6	9	3
5	2	3	6	9	8	7	1	4
6	7	9	3	4	1	2	5	8

053

6	5	1	8	3	7	2	4	9
9	2	7	6	5	4	1	3	8
3	8	4	2	1	9	5	6	7
4	3	8	5	7	1	6	9	2
2	6	9	4	8	3	7	5	1
7	1	5	9	6	2	4	8	3
5	9	6	7	2	8	3	1	4
1	4	2	3	9	5	8	7	6
8	7	3	1	4	6	9	2	5

054

4	3	8	1	2	9	5	7	6
5	6	9	4	3	7	8	1	2
1	2	7	6	5	8	3	4	9
3	7	4	8	6	2	1	9	5
2	9	5	3	1	4	7	6	8
6	8	1	7	9	5	2	3	4
8	1	2	9	7	6	4	5	3
9	5	3	2	4	1	6	8	7
7	4	6	5	8	3	9	2	1

055

1	9	3	5	4	2	6	8	7
4	7	6	9	1	8	5	2	3
8	2	5	3	6	7	9	4	1
6	1	8	4	9	3	2	7	5
2	3	4	7	8	5	1	9	6
9	5	7	1	2	6	8	3	4
7	8	9	6	5	4	3	1	2
3	6	2	8	7	1	4	5	9
5	4	1	2	3	9	7	6	8

056

3	4	5	7	2	6	1	8	9
9	2	7	8	1	5	3	6	4
1	6	8	3	9	4	5	7	2
4	5	3	1	6	8	2	9	7
2	1	6	9	7	3	8	4	5
7	8	9	5	4	2	6	1	3
5	3	1	4	8	7	9	2	6
8	7	2	6	5	9	4	3	1
6	9	4	2	3	1	7	5	8

057

1	9	2	7	6	4	8	3	5
4	8	6	5	1	3	7	2	9
3	5	7	8	2	9	6	1	4
7	4	5	6	9	1	2	8	3
6	3	9	2	4	8	5	7	1
2	1	8	3	7	5	4	9	6
5	2	1	4	3	7	9	6	8
9	6	4	1	8	2	3	5	7
8	7	3	9	5	6	1	4	2

058

8	4	2	9	6	3	7	5	1
1	6	3	4	7	5	8	9	2
7	5	9	8	2	1	3	6	4
3	1	4	5	9	7	6	2	8
9	2	5	6	1	8	4	3	7
6	8	7	3	4	2	9	1	5
2	7	6	1	3	4	5	8	9
5	9	1	7	8	6	2	4	3
4	3	8	2	5	9	1	7	6

059

5	6	8	2	9	4	3	1	7
1	7	2	8	3	6	4	9	5
9	3	4	1	5	7	2	6	8
2	1	7	9	6	5	8	3	4
8	4	3	7	1	2	6	5	9
6	5	9	4	8	3	7	2	1
3	2	1	5	7	8	9	4	6
4	8	5	6	2	9	1	7	3
7	9	6	3	4	1	5	8	2

060

2	7	4	6	1	5	8	9	3
6	8	9	4	7	3	1	5	2
1	3	5	9	8	2	7	4	6
7	9	3	8	5	6	2	1	4
5	2	6	1	4	9	3	8	7
4	1	8	3	2	7	9	6	5
8	4	2	5	3	1	6	7	9
3	6	1	7	9	4	5	2	8
9	5	7	2	6	8	4	3	1

061

7	4	1	8	2	9	6	5	3
6	9	5	1	3	4	2	8	7
3	2	8	5	7	6	9	4	1
8	3	7	6	5	1	4	2	9
9	1	6	2	4	3	8	7	5
2	5	4	7	9	8	3	1	6
1	6	2	9	8	7	5	3	4
4	8	9	3	1	5	7	6	2
5	7	3	4	6	2	1	9	8

062

7	9	2	8	3	1	6	4	5
4	5	3	2	9	6	7	8	1
8	6	1	4	7	5	9	3	2
6	7	5	3	4	2	1	9	8
9	3	4	7	1	8	5	2	6
1	2	8	5	6	9	4	7	3
3	1	6	9	2	7	8	5	4
2	8	9	1	5	4	3	6	7
5	4	7	6	8	3	2	1	9

063

2	9	7	8	6	3	5	4	1
1	4	8	5	9	2	3	6	7
3	5	6	7	4	1	8	9	2
9	8	1	6	2	4	7	3	5
4	2	5	3	7	8	9	1	6
7	6	3	9	1	5	4	2	8
6	7	2	4	8	9	1	5	3
5	1	9	2	3	7	6	8	4
8	3	4	1	5	6	2	7	9

064

8	4	9	6	2	3	5	7	1
5	2	1	8	7	4	3	6	9
7	6	3	5	1	9	4	2	8
1	3	4	2	6	5	9	8	7
9	7	6	4	8	1	2	3	5
2	8	5	3	9	7	6	1	4
3	9	2	1	5	8	7	4	6
4	1	7	9	3	6	8	5	2
6	5	8	7	4	2	1	9	3

065

8	4	9	6	3	2	5	1	7
2	3	7	5	1	4	9	8	6
5	6	1	8	7	9	2	4	3
4	9	6	7	2	5	8	3	1
3	7	8	4	9	1	6	2	5
1	2	5	3	6	8	4	7	9
6	1	2	9	4	3	7	5	8
7	8	3	2	5	6	1	9	4
9	5	4	1	8	7	3	6	2

066

7	8	1	5	4	9	3	2	6
3	5	4	6	2	1	9	7	8
6	9	2	7	8	3	5	1	4
5	3	9	2	7	4	6	8	1
1	4	7	8	3	6	2	9	5
2	6	8	1	9	5	4	3	7
4	2	5	9	1	7	8	6	3
9	7	6	3	5	8	1	4	2
8	1	3	4	6	2	7	5	9

067

1	8	9	5	4	2	6	3	7
3	7	5	1	9	6	4	2	8
6	2	4	8	7	3	5	9	1
5	3	6	2	1	8	9	7	4
8	4	7	9	3	5	1	6	2
2	9	1	7	6	4	3	8	5
9	5	3	4	2	7	8	1	6
7	1	8	6	5	9	2	4	3
4	6	2	3	8	1	7	5	9

068

2	1	4	7	8	5	6	9	3
7	3	9	1	2	6	4	8	5
6	5	8	9	3	4	1	7	2
8	2	1	6	9	3	7	5	4
4	6	5	8	7	1	3	2	9
9	7	3	4	5	2	8	1	6
5	8	6	3	1	9	2	4	7
1	4	2	5	6	7	9	3	8
3	9	7	2	4	8	5	6	1

069

5	4	3	2	1	6	8	9	7
9	1	6	7	8	3	4	2	5
7	2	8	4	5	9	1	3	6
1	8	5	9	7	2	3	6	4
3	6	2	1	4	5	7	8	9
4	7	9	3	6	8	5	1	2
6	5	4	8	2	1	9	7	3
8	9	7	6	3	4	2	5	1
2	3	1	5	9	7	6	4	8

070

3	1	4	7	9	8	5	2	6
7	6	2	1	4	5	9	8	3
5	8	9	6	3	2	7	4	1
1	7	6	5	8	3	4	9	2
9	5	3	2	6	4	1	7	8
4	2	8	9	1	7	6	3	5
2	9	5	8	7	6	3	1	4
8	4	1	3	5	9	2	6	7
6	3	7	4	2	1	8	5	9

071

4	6	8	7	3	9	1	2	5
3	7	1	5	8	2	9	4	6
2	9	5	6	4	1	7	8	3
1	4	2	3	7	5	8	6	9
5	3	6	1	9	8	4	7	2
9	8	7	4	2	6	5	3	1
7	5	9	2	6	4	3	1	8
6	1	4	8	5	3	2	9	7
8	2	3	9	1	7	6	5	4

072

7	3	4	5	6	2	1	9	8
1	5	2	8	9	7	3	6	4
9	8	6	4	1	3	5	7	2
6	7	5	1	2	8	9	4	3
8	4	3	9	7	5	6	2	1
2	1	9	6	3	4	7	8	5
5	6	1	2	8	9	4	3	7
3	9	8	7	4	1	2	5	6
4	2	7	3	5	6	8	1	9

073

7	8	3	4	6	2	1	5	9
1	9	6	8	3	5	4	7	2
2	4	5	9	1	7	6	8	3
4	7	2	1	5	8	9	3	6
3	5	9	7	2	6	8	1	4
8	6	1	3	4	9	7	2	5
9	1	4	2	8	3	5	6	7
5	3	8	6	7	4	2	9	1
6	2	7	5	9	1	3	4	8

074

1	4	3	8	9	6	5	2	7
5	6	8	7	1	2	3	4	9
7	2	9	3	4	5	8	6	1
6	1	5	2	7	8	9	3	4
3	8	7	9	6	4	1	5	2
2	9	4	1	5	3	7	8	6
9	3	2	4	8	1	6	7	5
4	5	1	6	3	7	2	9	8
8	7	6	5	2	9	4	1	3

075

7	4	1	8	2	3	5	6	9
5	9	8	4	6	1	7	3	2
3	2	6	9	7	5	1	4	8
4	1	7	5	8	2	3	9	6
8	6	2	3	1	9	4	5	7
9	3	5	6	4	7	8	2	1
2	7	4	1	5	6	9	8	3
6	5	3	7	9	8	2	1	4
1	8	9	2	3	4	6	7	5

076

3	6	9	1	4	8	2	5	7
8	7	2	5	3	6	4	9	1
5	1	4	9	7	2	3	8	6
4	3	8	6	5	7	1	2	9
1	9	5	2	8	3	7	6	4
7	2	6	4	9	1	8	3	5
6	5	3	7	2	4	9	1	8
2	4	1	8	6	9	5	7	3
9	8	7	3	1	5	6	4	2

077

8	1	5	2	4	7	3	6	9
7	2	6	1	3	9	4	8	5
4	9	3	6	8	5	2	1	7
5	3	7	9	6	4	1	2	8
6	8	2	3	5	1	9	7	4
1	4	9	7	2	8	6	5	3
3	5	8	4	1	6	7	9	2
2	7	1	8	9	3	5	4	6
9	6	4	5	7	2	8	3	1

078

8	4	1	3	6	5	7	9	2
5	7	6	2	9	1	3	4	8
3	2	9	7	8	4	1	5	6
6	9	4	8	1	3	5	2	7
1	8	5	4	7	2	9	6	3
7	3	2	9	5	6	8	1	4
2	5	3	1	4	7	6	8	9
9	1	7	6	2	8	4	3	5
4	6	8	5	3	9	2	7	1

079

5	2	1	6	7	9	8	4	3
4	6	7	8	5	3	2	1	9
8	3	9	1	2	4	7	5	6
7	1	3	4	6	8	9	2	5
6	8	2	5	9	1	3	7	4
9	5	4	2	3	7	6	8	1
3	9	8	7	1	5	4	6	2
1	4	6	3	8	2	5	9	7
2	7	5	9	4	6	1	3	8

080

6	2	7	3	4	9	5	1	8
4	3	9	8	1	5	6	7	2
8	1	5	6	7	2	9	3	4
3	7	2	5	9	8	1	4	6
5	6	1	2	3	4	8	9	7
9	4	8	7	6	1	3	2	5
1	8	3	4	2	6	7	5	9
7	5	4	9	8	3	2	6	1
2	9	6	1	5	7	4	8	3

081

2	9	3	1	8	6	7	5	4
5	6	8	7	2	4	1	9	3
1	4	7	9	5	3	6	2	8
4	5	2	3	1	7	8	6	9
6	3	1	8	9	5	4	7	2
7	8	9	6	4	2	5	3	1
3	1	5	2	6	8	9	4	7
8	2	6	4	7	9	3	1	5
9	7	4	5	3	1	2	8	6

082

5	4	3	8	9	7	1	2	6
6	1	9	5	3	2	8	7	4
8	2	7	4	1	6	9	3	5
4	3	1	9	2	8	6	5	7
9	8	2	6	7	5	3	4	1
7	6	5	3	4	1	2	8	9
3	5	8	7	6	9	4	1	2
2	7	6	1	8	4	5	9	3
1	9	4	2	5	3	7	6	8

083

6	7	4	2	8	3	5	1	9
9	5	2	7	4	1	3	6	8
1	8	3	6	9	5	4	7	2
7	2	5	1	3	8	6	9	4
3	1	6	9	7	4	8	2	5
4	9	8	5	6	2	7	3	1
5	6	9	8	1	7	2	4	3
8	4	7	3	2	9	1	5	6
2	3	1	4	5	6	9	8	7

084

3	5	8	4	7	2	6	9	1
6	4	1	8	9	3	5	7	2
9	2	7	6	5	1	3	4	8
1	9	3	5	6	7	2	8	4
4	7	5	2	8	9	1	6	3
8	6	2	1	3	4	7	5	9
7	8	4	3	2	6	9	1	5
5	3	6	9	1	8	4	2	7
2	1	9	7	4	5	8	3	6

085

4	9	3	2	1	8	5	6	7
2	6	5	7	9	4	8	1	3
8	1	7	6	3	5	9	4	2
9	3	2	1	5	7	6	8	4
1	4	6	3	8	9	2	7	5
5	7	8	4	6	2	1	3	9
3	8	4	9	2	1	7	5	6
7	5	9	8	4	6	3	2	1
6	2	1	5	7	3	4	9	8

086

2	3	8	1	7	9	4	6	5
7	5	1	6	4	2	9	3	8
6	9	4	3	5	8	2	1	7
9	7	3	2	1	6	8	5	4
8	2	5	4	3	7	1	9	6
1	4	6	9	8	5	7	2	3
5	8	2	7	9	3	6	4	1
3	1	9	8	6	4	5	7	2
4	6	7	5	2	1	3	8	9

087

8	6	4	3	5	1	9	7	2
2	1	5	8	7	9	3	4	6
3	9	7	6	4	2	5	8	1
6	7	9	4	2	8	1	3	5
4	8	2	1	3	5	6	9	7
1	5	3	7	9	6	8	2	4
9	2	6	5	8	7	4	1	3
7	4	1	9	6	3	2	5	8
5	3	8	2	1	4	7	6	9

088

4	6	2	3	1	5	9	7	8
3	5	8	9	7	2	6	1	4
7	9	1	8	6	4	3	2	5
5	2	4	1	9	7	8	3	6
9	3	7	5	8	6	1	4	2
8	1	6	4	2	3	7	5	9
1	4	3	6	5	8	2	9	7
6	7	9	2	4	1	5	8	3
2	8	5	7	3	9	4	6	1

089

7	2	1	5	4	3	8	6	9
5	6	8	9	7	2	3	1	4
9	4	3	8	6	1	5	2	7
4	1	9	3	2	7	6	8	5
6	7	5	1	8	4	9	3	2
3	8	2	6	9	5	4	7	1
8	5	4	2	1	6	7	9	3
2	9	7	4	3	8	1	5	6
1	3	6	7	5	9	2	4	8

090

2	5	4	3	8	7	6	1	9
1	6	8	5	9	2	4	3	7
9	7	3	1	4	6	2	8	5
8	4	6	7	1	9	3	5	2
3	9	7	2	5	8	1	4	6
5	1	2	4	6	3	9	7	8
7	2	5	9	3	1	8	6	4
6	3	9	8	7	4	5	2	1
4	8	1	6	2	5	7	9	3

091

5	3	7	9	8	6	2	4	1
8	6	2	1	4	5	7	3	9
4	9	1	7	2	3	8	6	5
7	1	9	3	6	8	5	2	4
3	8	4	2	5	9	6	1	7
2	5	6	4	1	7	3	9	8
6	4	5	8	3	1	9	7	2
1	7	8	6	9	2	4	5	3
9	2	3	5	7	4	1	8	6

092

7	3	4	9	8	2	6	5	1
5	2	9	6	1	3	4	8	7
6	1	8	7	4	5	9	2	3
4	5	2	1	3	9	8	7	6
3	8	7	5	6	4	2	1	9
9	6	1	2	7	8	5	3	4
8	7	3	4	2	6	1	9	5
1	4	5	8	9	7	3	6	2
2	9	6	3	5	1	7	4	8

093

3	5	9	1	6	2	7	8	4
6	1	8	7	3	4	9	5	2
7	4	2	9	8	5	1	6	3
5	2	7	4	9	3	6	1	8
1	8	3	2	5	6	4	9	7
4	9	6	8	1	7	3	2	5
8	7	1	5	4	9	2	3	6
2	6	5	3	7	1	8	4	9
9	3	4	6	2	8	5	7	1

094

4	1	2	5	8	6	7	9	3
5	6	3	4	7	9	1	2	8
7	9	8	1	2	3	6	4	5
3	4	1	9	6	2	5	8	7
2	8	9	7	3	5	4	6	1
6	7	5	8	4	1	9	3	2
8	5	4	3	9	7	2	1	6
1	3	6	2	5	4	8	7	9
9	2	7	6	1	8	3	5	4

095

9	5	6	1	7	3	8	2	4
4	3	1	8	9	2	7	5	6
2	7	8	6	4	5	3	1	9
8	6	7	3	2	9	1	4	5
1	9	5	4	8	6	2	7	3
3	2	4	5	1	7	6	9	8
7	8	3	2	5	4	9	6	1
6	4	9	7	3	1	5	8	2
5	1	2	9	6	8	4	3	7

096

1	2	5	8	3	6	9	7	4
7	9	3	1	4	2	8	6	5
4	6	8	7	9	5	1	2	3
8	5	9	4	7	1	2	3	6
6	3	1	2	5	9	4	8	7
2	7	4	3	6	8	5	9	1
3	8	2	5	1	7	6	4	9
5	4	6	9	8	3	7	1	2
9	1	7	6	2	4	3	5	8

097

9	2	8	4	5	7	1	3	6
3	7	1	6	2	8	4	9	5
6	4	5	9	3	1	2	7	8
7	1	4	3	8	9	5	6	2
8	5	3	2	7	6	9	1	4
2	6	9	5	1	4	7	8	3
5	3	6	7	9	2	8	4	1
4	8	7	1	6	5	3	2	9
1	9	2	8	4	3	6	5	7

098

8	3	6	9	4	1	7	5	2
7	9	5	8	2	6	3	4	1
1	2	4	7	5	3	8	9	6
6	8	9	1	3	7	4	2	5
4	5	7	6	9	2	1	8	3
2	1	3	4	8	5	6	7	9
3	6	8	5	7	9	2	1	4
5	4	2	3	1	8	9	6	7
9	7	1	2	6	4	5	3	8

099

2	7	8	1	5	4	6	3	9
6	4	9	7	3	2	1	8	5
1	5	3	6	9	8	4	2	7
9	3	1	2	4	6	7	5	8
4	8	2	3	7	5	9	6	1
7	6	5	9	8	1	3	4	2
5	2	6	4	1	7	8	9	3
3	1	4	8	2	9	5	7	6
8	9	7	5	6	3	2	1	4

100

4	5	3	6	8	9	2	1	7
9	1	6	2	7	5	4	3	8
7	2	8	4	1	3	6	9	5
6	9	5	3	2	8	7	4	1
2	3	1	5	4	7	8	6	9
8	7	4	9	6	1	5	2	3
5	4	9	7	3	6	1	8	2
1	6	7	8	9	2	3	5	4
3	8	2	1	5	4	9	7	6

101

3	4	2	1	6	5	7	8	9
5	9	6	7	8	3	2	4	1
1	7	8	9	4	2	6	5	3
9	3	5	4	2	8	1	7	6
6	1	4	5	3	7	9	2	8
8	2	7	6	9	1	5	3	4
4	5	3	2	1	9	8	6	7
2	6	9	8	7	4	3	1	5
7	8	1	3	5	6	4	9	2

102

8	9	5	3	7	2	4	6	1
6	2	3	4	1	9	8	5	7
4	7	1	5	6	8	2	9	3
7	3	9	8	4	5	1	2	6
1	5	6	2	9	7	3	8	4
2	8	4	6	3	1	9	7	5
3	1	2	9	5	6	7	4	8
9	6	7	1	8	4	5	3	2
5	4	8	7	2	3	6	1	9

103

7	8	5	1	2	3	9	4	6
4	2	9	8	6	7	1	3	5
3	6	1	5	4	9	2	7	8
2	3	4	7	8	1	5	6	9
5	1	7	9	3	6	4	8	2
6	9	8	4	5	2	7	1	3
1	5	3	6	9	4	8	2	7
8	7	2	3	1	5	6	9	4
9	4	6	2	7	8	3	5	1

104

9	8	2	3	6	5	1	4	7
3	6	5	4	1	7	8	9	2
4	1	7	9	8	2	6	3	5
7	3	6	8	5	4	9	2	1
1	5	8	2	9	3	4	7	6
2	9	4	1	7	6	5	8	3
5	4	9	7	2	1	3	6	8
8	2	1	6	3	9	7	5	4
6	7	3	5	4	8	2	1	9

105

5	6	3	4	7	9	8	1	2
2	7	1	8	3	5	6	4	9
9	4	8	2	1	6	5	3	7
4	8	5	3	9	2	7	6	1
6	1	9	7	8	4	2	5	3
3	2	7	6	5	1	4	9	8
7	3	4	1	6	8	9	2	5
8	5	2	9	4	3	1	7	6
1	9	6	5	2	7	3	8	4

106

1	4	6	3	7	9	2	5	8
9	8	5	6	2	4	7	3	1
3	7	2	8	5	1	9	6	4
8	1	7	4	6	3	5	2	9
6	5	9	1	8	2	4	7	3
4	2	3	7	9	5	1	8	6
2	9	4	5	3	6	8	1	7
7	6	1	2	4	8	3	9	5
5	3	8	9	1	7	6	4	2

107

2	3	5	4	1	9	6	7	8
1	7	6	8	5	2	9	4	3
8	9	4	3	7	6	1	2	5
4	8	1	5	3	7	2	9	6
5	2	7	6	9	8	3	1	4
3	6	9	1	2	4	8	5	7
6	1	3	2	4	5	7	8	9
7	5	2	9	8	3	4	6	1
9	4	8	7	6	1	5	3	2

108

6	9	4	8	5	1	2	3	7
8	2	7	3	6	4	1	5	9
3	1	5	7	2	9	8	4	6
5	6	2	4	8	7	3	9	1
7	4	1	2	9	3	6	8	5
9	8	3	6	1	5	7	2	4
2	5	9	1	7	8	4	6	3
4	7	8	9	3	6	5	1	2
1	3	6	5	4	2	9	7	8

109

6	4	3	2	5	1	7	9	8
9	2	8	7	3	6	1	5	4
5	1	7	4	9	8	6	2	3
3	6	9	1	8	7	2	4	5
4	8	5	6	2	9	3	7	1
2	7	1	3	4	5	9	8	6
7	3	4	8	1	2	5	6	9
8	5	6	9	7	3	4	1	2
1	9	2	5	6	4	8	3	7

110

8	5	2	9	7	1	3	4	6
1	7	4	3	6	8	2	5	9
3	6	9	2	5	4	7	1	8
5	2	7	1	4	6	8	9	3
6	9	8	5	3	7	4	2	1
4	1	3	8	9	2	6	7	5
9	4	1	6	2	3	5	8	7
2	3	5	7	8	9	1	6	4
7	8	6	4	1	5	9	3	2

111

6	2	9	8	5	3	7	1	4
5	4	1	7	9	6	3	8	2
8	7	3	1	4	2	5	6	9
1	9	2	5	8	7	4	3	6
7	8	5	3	6	4	2	9	1
4	3	6	2	1	9	8	5	7
9	6	8	4	7	5	1	2	3
2	1	7	6	3	8	9	4	5
3	5	4	9	2	1	6	7	8

112

6	9	8	3	4	5	2	7	1
1	2	4	6	7	9	5	3	8
7	3	5	2	8	1	6	9	4
2	6	9	8	1	4	3	5	7
8	1	7	5	3	6	4	2	9
5	4	3	7	9	2	8	1	6
3	7	6	9	5	8	1	4	2
4	5	2	1	6	7	9	8	3
9	8	1	4	2	3	7	6	5

113

7	6	3	5	8	9	1	4	2
9	4	5	2	6	1	7	3	8
2	8	1	3	7	4	5	9	6
8	3	6	7	9	2	4	1	5
5	2	4	1	3	6	8	7	9
1	7	9	8	4	5	2	6	3
3	5	8	9	1	7	6	2	4
6	9	7	4	2	8	3	5	1
4	1	2	6	5	3	9	8	7

114

7	8	1	2	9	5	3	4	6
2	3	4	8	6	1	9	5	7
6	9	5	7	4	3	1	8	2
4	6	2	9	5	7	8	3	1
8	1	7	4	3	2	6	9	5
9	5	3	6	1	8	2	7	4
3	4	9	5	2	6	7	1	8
1	7	6	3	8	4	5	2	9
5	2	8	1	7	9	4	6	3

115

9	6	8	4	7	5	3	2	1
2	1	4	9	8	3	7	5	6
3	5	7	6	2	1	4	8	9
7	9	5	8	6	4	2	1	3
6	8	1	3	5	2	9	4	7
4	2	3	1	9	7	5	6	8
5	3	9	2	1	6	8	7	4
1	4	2	7	3	8	6	9	5
8	7	6	5	4	9	1	3	2

116

5	8	2	3	1	9	4	7	6
1	6	4	7	5	2	9	8	3
3	9	7	4	8	6	1	2	5
7	2	9	6	3	5	8	4	1
8	5	1	2	9	4	6	3	7
4	3	6	8	7	1	2	5	9
2	1	8	5	6	3	7	9	4
6	4	3	9	2	7	5	1	8
9	7	5	1	4	8	3	6	2

117

9	4	2	7	3	5	8	6	1
8	7	1	6	4	9	5	3	2
6	3	5	1	2	8	9	4	7
2	1	7	4	5	6	3	8	9
5	8	3	9	7	1	4	2	6
4	9	6	2	8	3	7	1	5
3	2	4	5	6	7	1	9	8
7	6	9	8	1	4	2	5	3
1	5	8	3	9	2	6	7	4

118

4	7	2	1	9	3	5	6	8
8	3	9	5	6	4	2	7	1
6	1	5	7	8	2	3	9	4
5	9	7	3	4	6	8	1	2
1	2	6	8	5	7	4	3	9
3	8	4	9	2	1	7	5	6
2	4	3	6	7	9	1	8	5
9	5	1	4	3	8	6	2	7
7	6	8	2	1	5	9	4	3

119

5	3	2	6	4	7	8	9	1
9	4	1	8	5	2	6	7	3
6	8	7	3	1	9	5	4	2
8	2	5	9	7	6	1	3	4
4	1	9	2	3	5	7	8	6
7	6	3	4	8	1	9	2	5
3	7	4	5	6	8	2	1	9
1	9	6	7	2	4	3	5	8
2	5	8	1	9	3	4	6	7

120

2	3	1	4	6	7	8	9	5
8	4	5	3	9	2	6	1	7
9	7	6	1	8	5	4	2	3
3	5	8	7	2	4	1	6	9
6	1	4	9	5	8	3	7	2
7	9	2	6	1	3	5	8	4
5	8	9	2	4	6	7	3	1
4	2	3	8	7	1	9	5	6
1	6	7	5	3	9	2	4	8

121

1	7	3	2	4	5	8	6	9
2	8	6	1	7	9	5	4	3
9	4	5	3	8	6	1	7	2
7	3	1	9	6	4	2	5	8
5	2	8	7	1	3	6	9	4
4	6	9	8	5	2	3	1	7
8	9	4	6	2	1	7	3	5
3	1	7	5	9	8	4	2	6
6	5	2	4	3	7	9	8	1

122

9	4	6	7	1	3	2	8	5
3	2	5	9	4	8	1	6	7
7	1	8	2	6	5	9	3	4
8	5	2	3	7	1	6	4	9
4	7	3	6	9	2	5	1	8
1	6	9	8	5	4	7	2	3
6	3	4	5	2	9	8	7	1
5	8	7	1	3	6	4	9	2
2	9	1	4	8	7	3	5	6

123

1	4	6	5	2	9	7	8	3
8	7	3	6	4	1	5	2	9
2	9	5	3	7	8	4	6	1
6	5	4	8	1	7	3	9	2
9	3	8	4	5	2	6	1	7
7	2	1	9	3	6	8	4	5
5	6	9	1	8	3	2	7	4
4	8	7	2	9	5	1	3	6
3	1	2	7	6	4	9	5	8

124

1	2	9	5	4	7	6	8	3
4	5	6	3	8	9	1	7	2
7	3	8	1	6	2	9	4	5
6	1	7	8	5	4	2	3	9
2	8	3	7	9	6	5	1	4
9	4	5	2	3	1	8	6	7
8	6	2	4	7	5	3	9	1
5	9	4	6	1	3	7	2	8
3	7	1	9	2	8	4	5	6

125

2	7	5	8	4	3	1	9	6
4	8	1	9	7	6	5	3	2
3	6	9	5	1	2	7	4	8
6	3	7	4	2	1	8	5	9
8	9	4	7	3	5	6	2	1
5	1	2	6	9	8	3	7	4
1	5	3	2	6	4	9	8	7
9	4	6	3	8	7	2	1	5
7	2	8	1	5	9	4	6	3

126

5	1	2	7	9	6	3	4	8
9	4	7	3	8	1	2	5	6
8	6	3	2	4	5	9	1	7
1	7	4	8	2	9	6	3	5
3	8	6	5	1	4	7	9	2
2	9	5	6	7	3	4	8	1
7	2	1	4	3	8	5	6	9
6	3	9	1	5	2	8	7	4
4	5	8	9	6	7	1	2	3

127

6	5	9	2	8	1	3	7	4
2	1	4	3	9	7	5	8	6
3	7	8	4	5	6	1	2	9
5	9	2	6	1	3	7	4	8
7	8	1	5	2	4	6	9	3
4	3	6	8	7	9	2	1	5
8	6	3	7	4	2	9	5	1
9	2	5	1	3	8	4	6	7
1	4	7	9	6	5	8	3	2

128

3	9	1	5	7	6	4	2	8
4	8	7	3	2	9	5	6	1
2	5	6	4	8	1	9	3	7
1	2	5	6	9	8	3	7	4
9	4	3	2	5	7	8	1	6
7	6	8	1	3	4	2	9	5
6	7	9	8	4	3	1	5	2
8	3	2	7	1	5	6	4	9
5	1	4	9	6	2	7	8	3

129

1	7	4	9	5	2	8	6	3
8	5	3	6	1	7	9	4	2
2	9	6	4	8	3	7	1	5
9	3	1	5	4	8	2	7	6
6	4	8	7	2	9	3	5	1
7	2	5	3	6	1	4	9	8
3	1	7	8	9	6	5	2	4
5	6	9	2	3	4	1	8	7
4	8	2	1	7	5	6	3	9

130

5	1	8	9	6	7	3	2	4
3	7	4	8	2	1	6	9	5
2	6	9	5	4	3	8	7	1
6	2	1	4	9	8	5	3	7
9	4	5	7	3	6	2	1	8
7	8	3	2	1	5	4	6	9
4	9	6	1	8	2	7	5	3
8	5	2	3	7	9	1	4	6
1	3	7	6	5	4	9	8	2

131

8	4	7	2	1	9	3	6	5
9	5	3	8	4	6	7	1	2
1	6	2	3	7	5	4	9	8
3	2	8	5	6	1	9	7	4
5	9	6	7	3	4	8	2	1
7	1	4	9	8	2	6	5	3
6	3	9	1	2	8	5	4	7
4	7	1	6	5	3	2	8	9
2	8	5	4	9	7	1	3	6

132

3	7	2	8	6	5	9	4	1
5	1	4	2	9	3	8	7	6
9	6	8	7	4	1	5	2	3
7	4	9	6	3	8	2	1	5
8	5	1	4	7	2	3	6	9
6	2	3	5	1	9	4	8	7
1	3	6	9	8	4	7	5	2
4	9	5	1	2	7	6	3	8
2	8	7	3	5	6	1	9	4

133

9	7	2	5	4	8	1	3	6
5	3	1	6	7	9	8	2	4
6	4	8	3	2	1	7	5	9
8	9	3	1	5	4	2	6	7
2	1	7	9	3	6	4	8	5
4	5	6	2	8	7	3	9	1
3	8	9	7	1	5	6	4	2
1	6	4	8	9	2	5	7	3
7	2	5	4	6	3	9	1	8

134

6	2	9	5	1	3	4	7	8
7	4	3	2	8	9	6	1	5
5	8	1	7	6	4	9	3	2
2	3	7	9	5	1	8	4	6
4	1	8	6	3	2	5	9	7
9	5	6	4	7	8	1	2	3
1	6	5	3	9	7	2	8	4
3	9	4	8	2	6	7	5	1
8	7	2	1	4	5	3	6	9

135

6	2	5	8	3	1	4	9	7
9	3	7	6	4	2	5	8	1
4	8	1	7	5	9	2	3	6
3	4	9	2	1	8	6	7	5
8	7	6	5	9	4	3	1	2
1	5	2	3	7	6	8	4	9
7	1	8	4	6	5	9	2	3
2	6	3	9	8	7	1	5	4
5	9	4	1	2	3	7	6	8

136

5	6	1	7	4	8	3	9	2
8	2	9	1	6	3	5	7	4
3	4	7	9	2	5	6	8	1
4	9	8	3	7	6	2	1	5
6	7	5	2	8	1	9	4	3
2	1	3	5	9	4	8	6	7
7	3	6	8	1	2	4	5	9
1	8	2	4	5	9	7	3	6
9	5	4	6	3	7	1	2	8

137

5	3	9	6	2	4	8	1	7
6	8	2	1	3	7	9	5	4
4	7	1	5	9	8	2	6	3
7	6	3	8	5	2	1	4	9
8	9	5	4	1	3	6	7	2
2	1	4	9	7	6	5	3	8
9	4	6	7	8	5	3	2	1
3	5	8	2	4	1	7	9	6
1	2	7	3	6	9	4	8	5

138

2	9	3	6	5	8	4	7	1
8	5	4	7	3	1	9	2	6
7	6	1	2	4	9	3	8	5
9	7	5	8	6	2	1	4	3
6	1	8	4	7	3	5	9	2
3	4	2	9	1	5	7	6	8
4	3	6	1	8	7	2	5	9
5	2	7	3	9	6	8	1	4
1	8	9	5	2	4	6	3	7

139

3	9	8	4	5	2	7	6	1
4	2	6	7	9	1	8	3	5
1	5	7	3	6	8	4	9	2
6	7	9	1	3	5	2	8	4
8	3	5	6	2	4	1	7	9
2	1	4	8	7	9	6	5	3
7	4	2	9	8	3	5	1	6
9	8	1	5	4	6	3	2	7
5	6	3	2	1	7	9	4	8

140

1	8	3	2	5	9	4	6	7
5	7	4	8	6	3	9	2	1
9	2	6	4	7	1	3	5	8
2	5	9	1	4	8	7	3	6
3	4	7	6	2	5	8	1	9
6	1	8	3	9	7	5	4	2
4	9	1	5	8	6	2	7	3
8	6	2	7	3	4	1	9	5
7	3	5	9	1	2	6	8	4

141

1	6	9	8	5	4	7	3	2
4	3	8	7	2	1	5	9	6
5	7	2	3	9	6	1	8	4
6	9	7	2	4	3	8	5	1
8	2	5	1	6	7	9	4	3
3	1	4	9	8	5	6	2	7
2	5	3	6	1	8	4	7	9
9	4	1	5	7	2	3	6	8
7	8	6	4	3	9	2	1	5

142

1	6	7	4	8	5	3	9	2
8	9	5	3	2	1	6	4	7
3	4	2	6	7	9	8	1	5
5	8	6	1	3	7	4	2	9
9	2	1	5	4	6	7	8	3
7	3	4	8	9	2	1	5	6
4	7	9	2	6	8	5	3	1
6	5	3	9	1	4	2	7	8
2	1	8	7	5	3	9	6	4

143

2	5	1	3	9	4	7	8	6
3	4	9	6	8	7	1	5	2
8	6	7	1	5	2	4	9	3
6	9	5	4	2	3	8	1	7
1	2	8	5	7	6	9	3	4
4	7	3	8	1	9	2	6	5
5	1	4	7	3	8	6	2	9
7	3	2	9	6	1	5	4	8
9	8	6	2	4	5	3	7	1

144

5	9	3	4	8	1	7	2	6
6	7	8	2	3	5	9	1	4
1	4	2	6	9	7	5	3	8
3	5	4	1	6	2	8	7	9
9	6	7	3	5	8	1	4	2
8	2	1	7	4	9	6	5	3
4	1	9	5	2	6	3	8	7
2	8	5	9	7	3	4	6	1
7	3	6	8	1	4	2	9	5

145

4	7	2	8	1	9	5	6	3
5	9	6	3	7	4	8	2	1
1	3	8	2	5	6	7	9	4
2	1	7	5	4	3	9	8	6
9	6	3	7	8	2	1	4	5
8	5	4	9	6	1	3	7	2
6	2	5	1	9	7	4	3	8
3	8	9	4	2	5	6	1	7
7	4	1	6	3	8	2	5	9

146

4	7	2	5	1	9	3	8	6
5	9	8	6	7	3	1	2	4
1	3	6	4	8	2	7	5	9
9	4	3	8	6	7	5	1	2
6	5	7	2	9	1	4	3	8
8	2	1	3	5	4	6	9	7
2	6	5	1	4	8	9	7	3
3	1	9	7	2	6	8	4	5
7	8	4	9	3	5	2	6	1

147

9	5	2	8	1	3	7	6	4
7	4	8	9	6	5	3	2	1
3	1	6	7	4	2	9	8	5
5	7	3	4	9	8	6	1	2
1	2	9	5	3	6	4	7	8
6	8	4	1	2	7	5	9	3
4	9	7	2	5	1	8	3	6
2	6	5	3	8	9	1	4	7
8	3	1	6	7	4	2	5	9

148

2	8	1	6	4	9	7	5	3
7	4	9	3	8	5	6	1	2
6	3	5	7	1	2	8	9	4
8	2	7	9	5	3	4	6	1
4	1	6	2	7	8	9	3	5
5	9	3	1	6	4	2	8	7
9	5	8	4	3	7	1	2	6
3	6	4	8	2	1	5	7	9
1	7	2	5	9	6	3	4	8

149

7	3	4	2	6	8	9	5	1
8	5	9	1	3	4	7	6	2
2	1	6	5	7	9	3	8	4
3	8	5	6	9	1	2	4	7
9	2	7	4	8	3	6	1	5
6	4	1	7	2	5	8	9	3
1	7	3	9	4	6	5	2	8
5	9	8	3	1	2	4	7	6
4	6	2	8	5	7	1	3	9

150

5	3	4	8	1	6	7	9	2
1	8	7	2	3	9	5	6	4
9	6	2	4	7	5	3	1	8
4	9	3	1	5	2	6	8	7
8	5	1	9	6	7	2	4	3
2	7	6	3	8	4	9	5	1
6	4	5	7	2	8	1	3	9
3	2	8	5	9	1	4	7	6
7	1	9	6	4	3	8	2	5

151

3	2	8	6	5	7	1	4	9
5	1	4	9	2	3	6	7	8
6	9	7	8	4	1	5	2	3
7	5	1	2	3	8	4	9	6
8	4	9	5	1	6	2	3	7
2	3	6	7	9	4	8	5	1
4	7	2	1	6	9	3	8	5
1	8	3	4	7	5	9	6	2
9	6	5	3	8	2	7	1	4

152

2	3	8	7	5	6	4	9	1
5	4	6	9	1	8	7	3	2
9	1	7	3	2	4	5	8	6
7	6	2	5	3	1	8	4	9
1	8	9	4	7	2	3	6	5
3	5	4	8	6	9	1	2	7
6	2	3	1	4	7	9	5	8
8	7	5	6	9	3	2	1	4
4	9	1	2	8	5	6	7	3

153

8	9	6	4	2	1	3	7	5
7	5	4	9	8	3	2	6	1
2	3	1	7	6	5	4	9	8
4	8	9	5	1	6	7	3	2
3	6	5	2	7	4	8	1	9
1	7	2	8	3	9	5	4	6
5	4	8	6	9	7	1	2	3
6	2	3	1	4	8	9	5	7
9	1	7	3	5	2	6	8	4

154

7	8	4	3	2	1	5	9	6
6	5	1	4	7	9	2	8	3
3	9	2	6	5	8	1	4	7
5	1	6	9	4	2	3	7	8
2	7	3	8	1	6	4	5	9
9	4	8	7	3	5	6	1	2
8	3	9	1	6	4	7	2	5
4	6	5	2	8	7	9	3	1
1	2	7	5	9	3	8	6	4

155

1	9	6	2	8	3	4	7	5
7	2	3	5	4	6	9	8	1
5	8	4	9	7	1	6	2	3
8	7	1	4	3	2	5	9	6
4	6	2	7	9	5	1	3	8
3	5	9	6	1	8	7	4	2
6	1	7	3	2	4	8	5	9
9	3	5	8	6	7	2	1	4
2	4	8	1	5	9	3	6	7

156

9	4	8	1	5	2	7	3	6
2	6	3	4	7	9	5	8	1
5	7	1	6	3	8	2	4	9
3	5	6	7	4	1	9	2	8
1	9	2	8	6	3	4	5	7
4	8	7	9	2	5	1	6	3
6	3	5	2	1	7	8	9	4
8	1	4	5	9	6	3	7	2
7	2	9	3	8	4	6	1	5

157

4	5	9	3	7	6	8	1	2
1	2	6	5	8	4	3	7	9
8	7	3	2	9	1	6	4	5
3	1	5	6	4	9	7	2	8
7	6	8	1	3	2	9	5	4
2	9	4	8	5	7	1	6	3
6	8	1	4	2	3	5	9	7
5	4	7	9	1	8	2	3	6
9	3	2	7	6	5	4	8	1

158

8	1	4	2	3	6	5	7	9
5	7	2	8	9	1	4	6	3
6	9	3	5	7	4	8	1	2
4	3	5	7	6	9	2	8	1
7	8	1	4	5	2	3	9	6
2	6	9	1	8	3	7	4	5
9	4	8	3	1	5	6	2	7
1	5	7	6	2	8	9	3	4
3	2	6	9	4	7	1	5	8

159

9	4	1	8	3	6	5	2	7
7	6	2	1	5	4	3	8	9
5	3	8	2	7	9	6	1	4
4	7	5	3	6	2	8	9	1
8	1	3	4	9	5	7	6	2
6	2	9	7	8	1	4	5	3
1	5	6	9	4	7	2	3	8
3	9	4	6	2	8	1	7	5
2	8	7	5	1	3	9	4	6

160

7	9	6	1	3	4	2	8	5
4	1	8	2	5	6	9	3	7
2	5	3	9	8	7	1	6	4
3	6	7	5	1	9	4	2	8
5	4	2	6	7	8	3	1	9
1	8	9	4	2	3	5	7	6
6	3	1	8	4	5	7	9	2
8	7	4	3	9	2	6	5	1
9	2	5	7	6	1	8	4	3

161

9	5	4	2	3	1	8	7	6
8	2	7	4	9	6	1	3	5
6	3	1	5	7	8	2	9	4
1	8	9	7	4	5	6	2	3
5	4	6	8	2	3	7	1	9
2	7	3	6	1	9	5	4	8
3	6	2	9	8	7	4	5	1
4	9	8	1	5	2	3	6	7
7	1	5	3	6	4	9	8	2

162

7	8	3	9	1	2	4	5	6
5	9	2	6	4	7	3	1	8
1	6	4	3	5	8	7	2	9
8	2	5	1	7	6	9	4	3
9	4	7	5	2	3	6	8	1
6	3	1	8	9	4	5	7	2
4	1	8	7	6	9	2	3	5
2	5	6	4	3	1	8	9	7
3	7	9	2	8	5	1	6	4

163

6	5	7	2	8	4	9	1	3
4	2	9	1	7	3	5	6	8
1	8	3	6	9	5	7	2	4
3	4	5	9	1	2	8	7	6
2	1	6	8	4	7	3	9	5
9	7	8	5	3	6	1	4	2
7	3	1	4	2	8	6	5	9
8	6	4	7	5	9	2	3	1
5	9	2	3	6	1	4	8	7

164

1	7	4	9	8	3	5	6	2
8	6	9	5	2	7	3	4	1
3	2	5	1	6	4	8	7	9
6	9	3	7	4	8	2	1	5
5	1	7	6	9	2	4	3	8
2	4	8	3	5	1	7	9	6
4	3	2	8	1	6	9	5	7
9	8	1	4	7	5	6	2	3
7	5	6	2	3	9	1	8	4

165

7	2	9	6	4	5	3	1	8
4	6	5	8	3	1	7	2	9
3	8	1	2	9	7	5	4	6
5	4	3	1	6	8	9	7	2
2	9	6	7	5	3	1	8	4
1	7	8	4	2	9	6	5	3
8	1	2	3	7	6	4	9	5
6	5	4	9	1	2	8	3	7
9	3	7	5	8	4	2	6	1

166

5	8	3	9	1	7	2	4	6
7	6	4	5	8	2	3	1	9
1	2	9	6	4	3	5	8	7
3	4	6	7	9	1	8	2	5
8	9	1	2	5	6	4	7	3
2	5	7	8	3	4	9	6	1
9	3	2	1	6	8	7	5	4
4	1	8	3	7	5	6	9	2
6	7	5	4	2	9	1	3	8

167

3	5	7	8	2	9	1	6	4
4	8	1	5	6	7	9	3	2
9	6	2	4	1	3	8	7	5
2	1	4	3	7	8	6	5	9
5	3	8	6	9	4	7	2	1
7	9	6	1	5	2	4	8	3
1	7	9	2	8	5	3	4	6
8	2	3	9	4	6	5	1	7
6	4	5	7	3	1	2	9	8

168

8	6	2	1	9	4	5	7	3
5	3	9	8	2	7	4	6	1
7	4	1	6	5	3	8	2	9
3	9	6	4	1	5	2	8	7
1	8	5	9	7	2	3	4	6
4	2	7	3	8	6	9	1	5
6	5	4	7	3	8	1	9	2
9	7	3	2	4	1	6	5	8
2	1	8	5	6	9	7	3	4

169

4	6	1	9	5	7	8	2	3
8	3	9	2	4	1	6	5	7
7	5	2	3	8	6	9	4	1
1	9	4	8	3	2	5	7	6
2	7	6	4	1	5	3	9	8
5	8	3	6	7	9	2	1	4
6	2	8	1	9	4	7	3	5
9	4	5	7	6	3	1	8	2
3	1	7	5	2	8	4	6	9

170

9	5	3	7	8	1	2	6	4
2	1	7	6	5	4	9	8	3
4	8	6	3	9	2	5	7	1
7	3	4	5	1	6	8	9	2
8	6	1	2	7	9	3	4	5
5	9	2	4	3	8	6	1	7
6	7	5	8	4	3	1	2	9
3	2	9	1	6	7	4	5	8
1	4	8	9	2	5	7	3	6

171

5	2	1	8	4	7	6	3	9
3	4	6	5	2	9	1	8	7
7	9	8	1	3	6	5	2	4
2	8	7	9	5	3	4	6	1
6	3	9	4	1	8	7	5	2
1	5	4	6	7	2	3	9	8
4	1	3	2	9	5	8	7	6
8	7	2	3	6	1	9	4	5
9	6	5	7	8	4	2	1	3

172

7	1	5	9	3	2	8	6	4
3	6	4	1	7	8	5	9	2
9	8	2	5	6	4	3	1	7
2	5	3	6	4	1	7	8	9
4	9	8	7	2	3	1	5	6
1	7	6	8	9	5	4	2	3
8	2	7	4	5	6	9	3	1
5	3	9	2	1	7	6	4	8
6	4	1	3	8	9	2	7	5

173

3	9	5	2	1	8	7	6	4
7	4	8	6	3	9	5	2	1
6	1	2	5	7	4	3	8	9
4	6	7	3	9	1	8	5	2
8	2	1	7	6	5	9	4	3
5	3	9	8	4	2	6	1	7
1	8	4	9	5	7	2	3	6
9	5	6	4	2	3	1	7	8
2	7	3	1	8	6	4	9	5

174

3	8	6	1	4	9	2	5	7
2	7	9	8	3	5	4	1	6
5	4	1	7	2	6	8	9	3
8	3	2	4	5	1	6	7	9
1	9	7	2	6	8	3	4	5
4	6	5	9	7	3	1	8	2
6	1	3	5	9	4	7	2	8
7	5	4	6	8	2	9	3	1
9	2	8	3	1	7	5	6	4

175

4	3	1	9	8	5	7	2	6
6	9	8	2	7	1	4	3	5
5	7	2	4	6	3	9	1	8
7	4	6	8	1	9	3	5	2
2	8	5	3	4	6	1	7	9
3	1	9	5	2	7	6	8	4
1	2	4	7	9	8	5	6	3
8	6	3	1	5	4	2	9	7
9	5	7	6	3	2	8	4	1

176

3	1	2	8	9	6	4	7	5
8	4	7	1	3	5	6	9	2
9	5	6	4	7	2	8	1	3
7	3	9	5	2	8	1	6	4
1	6	5	3	4	7	2	8	9
2	8	4	6	1	9	5	3	7
6	2	3	7	5	1	9	4	8
5	7	1	9	8	4	3	2	6
4	9	8	2	6	3	7	5	1

177

1	4	5	9	6	8	7	3	2
9	2	6	7	4	3	8	1	5
3	7	8	1	5	2	9	6	4
5	8	1	6	9	4	2	7	3
4	3	9	2	7	1	5	8	6
7	6	2	3	8	5	4	9	1
2	5	7	8	1	6	3	4	9
6	9	3	4	2	7	1	5	8
8	1	4	5	3	9	6	2	7

178

3	6	9	8	7	2	4	1	5
7	5	2	3	1	4	8	6	9
4	1	8	6	9	5	2	3	7
6	8	7	2	3	9	1	5	4
1	4	3	7	5	8	9	2	6
9	2	5	1	4	6	7	8	3
2	7	6	9	8	3	5	4	1
5	3	1	4	2	7	6	9	8
8	9	4	5	6	1	3	7	2

179

1	4	6	3	5	9	8	2	7
8	7	9	6	4	2	1	5	3
5	3	2	7	1	8	6	4	9
6	2	8	5	9	4	3	7	1
4	9	7	8	3	1	5	6	2
3	1	5	2	6	7	9	8	4
2	6	3	9	7	5	4	1	8
7	5	1	4	8	3	2	9	6
9	8	4	1	2	6	7	3	5

180

5	6	9	4	8	3	1	7	2
4	2	1	7	6	9	5	8	3
7	3	8	2	5	1	4	6	9
2	4	6	1	9	7	3	5	8
9	8	7	5	3	6	2	4	1
1	5	3	8	2	4	6	9	7
3	7	4	6	1	8	9	2	5
8	1	2	9	4	5	7	3	6
6	9	5	3	7	2	8	1	4

181

6	4	3	9	7	8	1	2	5
8	1	9	6	2	5	3	7	4
5	2	7	3	4	1	8	6	9
3	5	2	4	9	7	6	8	1
4	6	8	5	1	3	2	9	7
9	7	1	2	8	6	4	5	3
7	3	5	1	6	2	9	4	8
1	9	6	8	5	4	7	3	2
2	8	4	7	3	9	5	1	6

182

3	2	6	1	4	9	7	5	8
8	1	4	5	7	3	2	9	6
5	9	7	6	2	8	4	3	1
7	8	3	9	5	4	1	6	2
2	4	5	7	1	6	3	8	9
1	6	9	8	3	2	5	7	4
4	5	8	2	9	7	6	1	3
9	7	2	3	6	1	8	4	5
6	3	1	4	8	5	9	2	7

183

8	3	1	6	2	9	4	7	5
9	5	6	3	7	4	2	1	8
4	2	7	5	8	1	6	9	3
5	1	9	2	6	7	8	3	4
7	8	2	1	4	3	5	6	9
3	6	4	9	5	8	1	2	7
6	9	8	4	3	2	7	5	1
1	4	5	7	9	6	3	8	2
2	7	3	8	1	5	9	4	6

184

2	4	5	1	8	9	6	7	3
7	1	8	6	3	4	2	9	5
3	6	9	2	5	7	8	4	1
9	7	1	3	4	2	5	8	6
8	3	6	7	1	5	9	2	4
4	5	2	9	6	8	3	1	7
5	9	4	8	7	3	1	6	2
6	2	7	5	9	1	4	3	8
1	8	3	4	2	6	7	5	9

185

2	9	8	1	4	5	3	7	6
6	5	4	2	3	7	1	9	8
1	3	7	8	9	6	5	4	2
3	8	5	9	7	4	6	2	1
4	1	6	5	2	8	9	3	7
9	7	2	3	6	1	4	8	5
8	2	1	4	5	3	7	6	9
7	4	9	6	1	2	8	5	3
5	6	3	7	8	9	2	1	4

186

8	2	6	3	4	1	9	7	5
7	1	5	8	9	2	3	6	4
9	4	3	7	5	6	1	2	8
3	8	4	9	2	7	6	5	1
6	9	1	5	3	8	2	4	7
5	7	2	6	1	4	8	9	3
4	3	8	2	7	9	5	1	6
2	6	7	1	8	5	4	3	9
1	5	9	4	6	3	7	8	2

187

5	8	9	3	6	4	2	1	7
2	1	7	8	9	5	6	4	3
6	4	3	7	1	2	5	8	9
7	5	6	1	4	3	9	2	8
3	9	4	2	7	8	1	6	5
8	2	1	9	5	6	3	7	4
1	7	8	5	2	9	4	3	6
9	6	2	4	3	7	8	5	1
4	3	5	6	8	1	7	9	2

188

2	9	8	4	6	1	7	3	5
5	4	6	7	8	3	2	9	1
3	7	1	2	9	5	8	6	4
1	3	5	8	7	2	9	4	6
9	6	7	5	1	4	3	8	2
4	8	2	9	3	6	1	5	7
6	1	4	3	2	8	5	7	9
7	5	3	1	4	9	6	2	8
8	2	9	6	5	7	4	1	3

189

2	3	8	9	5	6	1	4	7
1	7	9	8	4	2	5	3	6
4	6	5	3	1	7	8	2	9
9	4	7	1	2	8	6	5	3
5	2	3	6	7	4	9	1	8
6	8	1	5	9	3	4	7	2
3	1	2	4	8	9	7	6	5
7	9	4	2	6	5	3	8	1
8	5	6	7	3	1	2	9	4

190

6	7	8	9	2	5	3	4	1
2	1	3	4	7	8	6	5	9
9	4	5	3	1	6	2	7	8
5	3	2	7	8	1	9	6	4
4	6	7	2	9	3	1	8	5
1	8	9	5	6	4	7	2	3
3	2	1	8	5	7	4	9	6
8	9	4	6	3	2	5	1	7
7	5	6	1	4	9	8	3	2

191

2	8	5	3	1	9	7	6	4
6	7	4	5	2	8	9	1	3
1	3	9	6	4	7	2	8	5
9	5	3	1	8	2	4	7	6
8	6	7	9	5	4	3	2	1
4	2	1	7	3	6	8	5	9
3	1	8	2	9	5	6	4	7
7	9	2	4	6	1	5	3	8
5	4	6	8	7	3	1	9	2

192

9	5	8	7	3	4	1	6	2
3	1	6	8	2	5	9	4	7
4	7	2	9	1	6	8	3	5
8	2	1	5	6	9	4	7	3
5	6	9	3	4	7	2	1	8
7	4	3	2	8	1	5	9	6
6	9	5	1	7	8	3	2	4
2	8	4	6	9	3	7	5	1
1	3	7	4	5	2	6	8	9

193

6	2	7	3	8	9	4	5	1
8	4	3	1	5	7	6	9	2
5	1	9	2	6	4	8	7	3
7	5	2	8	1	6	3	4	9
1	6	8	4	9	3	7	2	5
3	9	4	7	2	5	1	6	8
4	8	5	9	7	1	2	3	6
2	7	6	5	3	8	9	1	4
9	3	1	6	4	2	5	8	7

194

7	2	6	4	3	5	8	1	9
9	3	1	8	6	2	4	7	5
5	8	4	1	7	9	2	6	3
8	4	7	2	1	3	5	9	6
3	1	2	5	9	6	7	8	4
6	9	5	7	4	8	1	3	2
2	7	9	6	5	1	3	4	8
1	6	8	3	2	4	9	5	7
4	5	3	9	8	7	6	2	1

195

1	8	2	3	9	4	5	6	7
3	7	4	2	6	5	8	1	9
5	6	9	7	1	8	4	2	3
4	2	7	5	8	6	9	3	1
8	5	1	9	7	3	2	4	6
6	9	3	4	2	1	7	8	5
9	1	6	8	5	2	3	7	4
7	3	8	1	4	9	6	5	2
2	4	5	6	3	7	1	9	8

196

5	7	6	1	8	9	4	3	2
9	3	8	6	4	2	1	7	5
1	2	4	7	3	5	8	6	9
3	8	1	2	9	6	5	4	7
4	5	2	8	7	3	9	1	6
7	6	9	5	1	4	3	2	8
2	4	3	9	6	8	7	5	1
6	9	7	4	5	1	2	8	3
8	1	5	3	2	7	6	9	4

197

5	9	2	6	7	1	3	4	8
6	7	4	9	8	3	2	5	1
3	1	8	5	2	4	9	6	7
7	2	3	8	1	6	5	9	4
9	4	6	7	3	5	1	8	2
1	8	5	2	4	9	7	3	6
4	3	7	1	9	8	6	2	5
8	6	1	3	5	2	4	7	9
2	5	9	4	6	7	8	1	3

198

5	2	7	9	6	4	8	1	3
1	8	3	7	2	5	9	6	4
9	6	4	1	3	8	2	5	7
4	7	2	6	5	1	3	8	9
3	5	6	8	9	7	1	4	2
8	9	1	2	4	3	6	7	5
7	1	5	3	8	9	4	2	6
2	3	8	4	7	6	5	9	1
6	4	9	5	1	2	7	3	8

199

2	3	6	1	8	4	7	9	5
1	9	8	3	7	5	6	4	2
5	4	7	2	9	6	3	8	1
4	1	2	8	3	7	5	6	9
8	5	9	6	4	1	2	3	7
6	7	3	5	2	9	8	1	4
7	6	1	9	5	3	4	2	8
3	8	4	7	1	2	9	5	6
9	2	5	4	6	8	1	7	3

200

7	3	5	8	4	2	9	1	6
1	4	6	5	9	3	2	8	7
2	8	9	1	7	6	4	3	5
9	2	3	7	5	1	8	6	4
5	1	4	9	6	8	3	7	2
6	7	8	2	3	4	5	9	1
4	9	2	3	1	7	6	5	8
3	6	1	4	8	5	7	2	9
8	5	7	6	2	9	1	4	3

201

9	2	1	3	5	8	6	4	7
6	7	3	4	2	9	1	5	8
8	5	4	6	7	1	3	2	9
3	4	9	5	8	2	7	6	1
7	6	8	1	9	4	2	3	5
2	1	5	7	3	6	9	8	4
5	3	2	8	1	7	4	9	6
1	9	6	2	4	5	8	7	3
4	8	7	9	6	3	5	1	2

202

2	5	9	8	1	6	3	4	7
6	8	3	4	7	9	1	5	2
4	7	1	3	2	5	9	8	6
3	1	5	6	9	8	7	2	4
8	9	2	7	3	4	6	1	5
7	4	6	1	5	2	8	3	9
5	6	8	9	4	3	2	7	1
9	2	7	5	8	1	4	6	3
1	3	4	2	6	7	5	9	8

203

6	7	8	9	3	4	1	5	2
9	2	1	8	6	5	3	4	7
3	4	5	7	1	2	8	9	6
4	5	9	1	2	3	6	7	8
8	3	2	5	7	6	9	1	4
1	6	7	4	8	9	2	3	5
5	1	6	3	4	8	7	2	9
7	8	4	2	9	1	5	6	3
2	9	3	6	5	7	4	8	1

204

6	8	2	4	3	7	9	5	1
9	1	3	6	2	5	4	8	7
5	4	7	9	8	1	6	2	3
7	5	1	3	4	6	2	9	8
4	2	9	7	1	8	3	6	5
3	6	8	2	5	9	7	1	4
1	7	4	5	6	2	8	3	9
2	9	5	8	7	3	1	4	6
8	3	6	1	9	4	5	7	2

205

6	4	9	2	1	8	5	3	7
3	7	2	6	9	5	8	4	1
8	1	5	3	7	4	6	9	2
2	5	4	1	8	7	3	6	9
7	8	6	9	5	3	2	1	4
9	3	1	4	2	6	7	8	5
5	6	3	7	4	9	1	2	8
1	9	8	5	3	2	4	7	6
4	2	7	8	6	1	9	5	3

206

8	2	5	6	7	1	9	4	3
9	1	6	4	3	8	7	5	2
7	3	4	9	2	5	6	1	8
6	5	3	1	4	2	8	9	7
4	7	8	3	9	6	1	2	5
1	9	2	5	8	7	4	3	6
5	8	1	2	6	9	3	7	4
2	4	7	8	1	3	5	6	9
3	6	9	7	5	4	2	8	1

207

7	4	8	2	6	5	9	3	1
9	3	2	4	7	1	5	6	8
1	6	5	3	8	9	7	4	2
6	1	7	9	3	2	8	5	4
2	8	3	5	4	7	1	9	6
5	9	4	6	1	8	3	2	7
3	2	1	7	9	4	6	8	5
8	5	9	1	2	6	4	7	3
4	7	6	8	5	3	2	1	9

208

1	6	9	5	7	4	3	2	8
4	5	3	8	1	2	9	6	7
7	2	8	9	6	3	5	4	1
8	4	1	3	2	7	6	9	5
6	9	2	1	5	8	4	7	3
5	3	7	6	4	9	8	1	2
3	1	4	2	8	6	7	5	9
2	8	6	7	9	5	1	3	4
9	7	5	4	3	1	2	8	6

209

3	1	6	8	2	5	4	7	9
7	9	8	4	6	3	5	2	1
2	4	5	1	7	9	3	6	8
4	5	9	6	3	1	7	8	2
8	6	2	5	4	7	1	9	3
1	3	7	9	8	2	6	5	4
9	2	3	7	5	4	8	1	6
6	7	1	3	9	8	2	4	5
5	8	4	2	1	6	9	3	7

210

2	5	8	7	1	6	9	4	3
7	3	9	5	4	2	1	8	6
4	1	6	8	3	9	5	2	7
1	9	4	2	7	5	6	3	8
5	7	2	3	6	8	4	9	1
6	8	3	1	9	4	2	7	5
9	4	7	6	8	1	3	5	2
8	2	1	4	5	3	7	6	9
3	6	5	9	2	7	8	1	4

211

4	3	6	5	9	1	2	8	7
5	2	8	3	7	4	6	9	1
9	7	1	2	6	8	5	4	3
8	1	5	6	4	7	3	2	9
2	6	3	9	8	5	1	7	4
7	9	4	1	2	3	8	6	5
3	8	7	4	1	6	9	5	2
6	5	2	7	3	9	4	1	8
1	4	9	8	5	2	7	3	6

212

5	9	8	1	7	2	6	4	3
3	7	4	6	5	8	2	9	1
6	1	2	9	3	4	7	8	5
2	6	3	4	8	7	1	5	9
8	5	1	3	9	6	4	2	7
9	4	7	5	2	1	8	3	6
4	3	6	2	1	9	5	7	8
1	8	5	7	4	3	9	6	2
7	2	9	8	6	5	3	1	4

213

2	4	9	1	8	6	7	5	3
8	7	5	3	9	4	2	6	1
3	1	6	7	2	5	8	4	9
6	8	1	5	3	9	4	7	2
9	5	3	2	4	7	1	8	6
7	2	4	6	1	8	3	9	5
5	6	2	8	7	3	9	1	4
1	9	7	4	6	2	5	3	8
4	3	8	9	5	1	6	2	7

214

5	7	3	1	8	4	6	2	9
8	1	2	6	9	5	3	7	4
9	4	6	2	7	3	1	5	8
6	3	5	9	1	8	7	4	2
2	8	1	7	4	6	9	3	5
7	9	4	3	5	2	8	6	1
1	5	7	4	6	9	2	8	3
3	6	8	5	2	1	4	9	7
4	2	9	8	3	7	5	1	6

215

1	2	5	7	8	9	3	4	6
9	6	3	5	2	4	7	1	8
8	7	4	1	6	3	5	2	9
5	3	6	4	9	2	8	7	1
2	9	7	8	5	1	4	6	3
4	8	1	3	7	6	2	9	5
7	1	8	9	4	5	6	3	2
6	4	9	2	3	8	1	5	7
3	5	2	6	1	7	9	8	4

216

5	6	7	8	2	9	1	4	3
4	1	3	5	7	6	8	9	2
2	9	8	4	1	3	5	7	6
8	3	2	1	5	4	7	6	9
6	4	5	9	3	7	2	8	1
9	7	1	2	6	8	3	5	4
3	5	9	6	8	1	4	2	7
7	2	4	3	9	5	6	1	8
1	8	6	7	4	2	9	3	5

217

5	6	8	3	1	4	7	2	9
4	9	7	2	5	8	3	6	1
3	1	2	6	7	9	5	4	8
2	4	5	7	9	1	8	3	6
1	8	3	5	6	2	4	9	7
9	7	6	8	4	3	1	5	2
7	2	9	1	3	5	6	8	4
6	3	4	9	8	7	2	1	5
8	5	1	4	2	6	9	7	3

218

5	7	6	2	4	8	1	3	9
4	9	1	6	3	7	2	5	8
8	3	2	5	9	1	7	4	6
3	2	8	7	6	4	5	9	1
7	1	5	9	2	3	8	6	4
9	6	4	1	8	5	3	7	2
6	5	7	8	1	9	4	2	3
1	4	9	3	7	2	6	8	5
2	8	3	4	5	6	9	1	7

219

2	1	3	8	9	5	7	4	6
9	8	5	6	7	4	3	2	1
4	6	7	1	3	2	9	5	8
3	5	6	2	4	9	8	1	7
7	2	1	3	5	8	4	6	9
8	9	4	7	1	6	5	3	2
5	3	2	9	8	1	6	7	4
6	7	9	4	2	3	1	8	5
1	4	8	5	6	7	2	9	3

220

8	2	4	5	7	1	3	9	6
6	1	9	3	8	4	2	5	7
3	7	5	9	2	6	1	4	8
7	5	8	6	1	9	4	2	3
2	6	1	4	3	7	5	8	9
9	4	3	2	5	8	7	6	1
4	9	2	7	6	3	8	1	5
5	8	7	1	9	2	6	3	4
1	3	6	8	4	5	9	7	2

221

5	3	6	9	1	2	4	7	8
1	2	7	4	8	3	9	5	6
8	4	9	5	7	6	3	2	1
3	9	2	7	4	1	6	8	5
6	8	1	3	2	5	7	4	9
7	5	4	8	6	9	2	1	3
9	1	3	2	5	7	8	6	4
2	6	8	1	3	4	5	9	7
4	7	5	6	9	8	1	3	2

222

1	4	2	5	9	6	8	7	3
3	7	5	8	2	1	6	4	9
9	6	8	7	3	4	1	2	5
5	1	3	4	7	9	2	6	8
6	2	4	1	5	8	3	9	7
7	8	9	2	6	3	5	1	4
8	9	7	6	1	5	4	3	2
4	3	1	9	8	2	7	5	6
2	5	6	3	4	7	9	8	1

223

2	5	3	4	8	9	1	6	7
7	9	1	2	5	6	4	8	3
6	4	8	7	3	1	5	9	2
1	3	9	5	6	4	2	7	8
4	6	7	8	1	2	3	5	9
8	2	5	3	9	7	6	1	4
5	7	2	1	4	8	9	3	6
3	8	6	9	2	5	7	4	1
9	1	4	6	7	3	8	2	5

224

2	7	1	8	6	5	3	9	4
8	4	6	3	9	7	5	2	1
3	9	5	4	2	1	7	8	6
1	8	7	6	3	2	9	4	5
5	6	4	7	1	9	8	3	2
9	2	3	5	4	8	1	6	7
4	5	9	2	7	3	6	1	8
7	3	2	1	8	6	4	5	9
6	1	8	9	5	4	2	7	3

225

5	3	8	6	7	2	4	9	1
9	1	2	3	8	4	5	7	6
4	7	6	9	5	1	2	8	3
1	9	7	8	4	6	3	2	5
8	6	3	5	2	9	1	4	7
2	4	5	7	1	3	9	6	8
3	5	9	4	6	7	8	1	2
6	8	1	2	9	5	7	3	4
7	2	4	1	3	8	6	5	9

226

1	9	8	6	4	7	3	2	5
3	2	4	8	5	9	6	1	7
6	7	5	1	2	3	8	4	9
4	6	3	7	9	5	1	8	2
2	8	7	4	1	6	9	5	3
9	5	1	3	8	2	4	7	6
7	1	2	9	6	4	5	3	8
5	4	9	2	3	8	7	6	1
8	3	6	5	7	1	2	9	4

227

1	7	9	5	6	4	8	2	3
6	3	2	1	7	8	4	9	5
5	4	8	2	9	3	7	6	1
3	5	6	7	8	2	9	1	4
2	1	4	9	3	6	5	7	8
9	8	7	4	5	1	2	3	6
8	6	5	3	2	9	1	4	7
4	2	3	8	1	7	6	5	9
7	9	1	6	4	5	3	8	2

228

4	5	8	1	9	6	3	7	2
1	6	3	8	2	7	5	9	4
7	2	9	3	4	5	6	8	1
9	1	4	6	3	8	7	2	5
6	8	2	5	7	9	4	1	3
5	3	7	4	1	2	9	6	8
8	4	5	9	6	1	2	3	7
3	7	6	2	8	4	1	5	9
2	9	1	7	5	3	8	4	6

229

8	6	1	9	3	5	7	4	2
7	3	5	8	4	2	6	9	1
9	4	2	6	7	1	8	5	3
1	8	7	4	5	6	3	2	9
6	2	4	1	9	3	5	7	8
3	5	9	7	2	8	4	1	6
4	9	6	3	1	7	2	8	5
5	7	3	2	8	9	1	6	4
2	1	8	5	6	4	9	3	7

230

4	8	3	7	9	6	2	1	5
2	5	9	3	1	8	7	4	6
1	6	7	2	5	4	3	8	9
7	4	8	5	2	9	6	3	1
9	3	6	1	4	7	5	2	8
5	2	1	8	6	3	9	7	4
3	9	4	6	7	1	8	5	2
6	7	2	4	8	5	1	9	3
8	1	5	9	3	2	4	6	7

231

2	4	5	3	9	7	6	8	1
8	1	9	6	4	5	2	7	3
7	3	6	8	1	2	5	4	9
9	2	7	4	6	3	8	1	5
3	6	1	5	7	8	4	9	2
4	5	8	1	2	9	7	3	6
5	7	4	2	3	1	9	6	8
6	8	3	9	5	4	1	2	7
1	9	2	7	8	6	3	5	4

232

1	4	6	9	2	7	5	3	8
9	7	3	6	8	5	1	2	4
8	5	2	1	4	3	7	6	9
3	2	8	5	7	4	9	1	6
5	9	4	8	6	1	2	7	3
6	1	7	2	3	9	4	8	5
2	6	5	7	9	8	3	4	1
7	3	1	4	5	6	8	9	2
4	8	9	3	1	2	6	5	7

233

1	8	4	2	7	6	3	5	9
7	5	3	9	1	4	2	8	6
9	2	6	8	3	5	1	4	7
3	4	9	1	2	8	7	6	5
6	7	5	4	9	3	8	2	1
2	1	8	6	5	7	9	3	4
8	3	7	5	4	9	6	1	2
5	9	2	3	6	1	4	7	8
4	6	1	7	8	2	5	9	3

234

8	3	1	9	6	2	7	4	5
6	5	7	1	4	3	8	2	9
2	4	9	7	8	5	1	3	6
3	9	6	8	7	4	2	5	1
7	2	4	5	3	1	9	6	8
5	1	8	6	2	9	3	7	4
1	7	2	4	9	6	5	8	3
9	6	3	2	5	8	4	1	7
4	8	5	3	1	7	6	9	2

235

8	6	9	7	4	3	2	1	5
2	5	7	1	6	8	4	3	9
4	3	1	9	2	5	8	6	7
9	8	6	3	7	2	1	5	4
1	7	5	8	9	4	3	2	6
3	4	2	6	5	1	9	7	8
7	9	8	2	1	6	5	4	3
6	1	4	5	3	9	7	8	2
5	2	3	4	5	7	6	9	1

236

3	5	6	1	9	4	8	7	2
9	7	1	8	2	6	3	4	5
8	4	2	7	5	3	6	9	1
2	3	8	5	4	7	9	1	6
1	9	7	6	8	2	5	3	4
4	6	5	9	3	1	2	8	7
5	2	4	3	1	8	7	6	9
7	8	9	4	6	5	1	2	3
6	1	3	2	7	9	4	5	8

237

1	3	7	4	6	5	9	2	8
6	9	4	2	3	8	1	5	7
8	2	5	1	9	7	3	4	6
3	4	2	6	8	9	5	7	1
9	5	8	3	7	1	2	6	4
7	1	6	5	4	2	8	3	9
5	8	1	7	2	6	4	9	3
2	7	3	9	1	4	6	8	5
4	6	9	8	5	3	7	1	2

238

9	2	8	6	3	5	1	7	4
3	5	7	2	4	1	8	9	6
1	6	4	8	7	9	3	5	2
6	7	9	5	1	8	2	4	3
8	4	2	3	6	7	5	1	9
5	1	3	9	2	4	7	6	8
7	9	1	4	8	3	6	2	5
4	3	6	7	5	2	9	8	1
2	8	5	1	9	6	4	3	7

239

7	9	8	5	6	4	2	3	1
3	6	1	7	2	8	4	9	5
5	4	2	3	9	1	6	8	7
6	8	5	2	4	3	7	1	9
4	1	9	6	5	7	8	2	3
2	7	3	1	8	9	5	4	6
8	3	4	9	7	5	1	6	2
9	2	7	8	1	6	3	5	4
1	5	6	4	3	2	9	7	8

240

5	3	2	4	6	7	8	1	9
8	7	9	1	5	3	4	6	2
1	4	6	9	8	2	3	7	5
6	2	3	8	9	4	1	5	7
4	8	1	7	2	5	9	3	6
9	5	7	6	3	1	2	4	8
3	9	8	5	1	6	7	2	4
7	1	5	2	4	8	6	9	3
2	6	4	3	7	9	5	8	1

241

9	2	4	3	7	1	6	5	8
6	5	1	9	4	8	3	2	7
8	3	7	2	6	5	9	1	4
4	8	3	7	5	2	1	9	6
5	1	2	6	9	4	8	7	3
7	9	6	1	8	3	2	4	5
1	6	9	5	3	7	4	8	2
3	7	8	4	2	9	5	6	1
2	4	5	8	1	6	7	3	9

242

1	5	9	4	2	8	3	7	6
7	4	3	1	6	5	8	9	2
8	2	6	3	7	9	1	4	5
9	1	4	8	3	2	6	5	7
2	6	5	9	1	7	4	3	8
3	8	7	6	5	4	9	2	1
6	9	2	5	8	3	7	1	4
4	7	1	2	9	6	5	8	3
5	3	8	7	4	1	2	6	9

243

9	5	8	3	4	7	6	2	1
4	2	1	8	6	9	3	5	7
7	3	6	2	1	5	4	9	8
1	6	9	7	8	4	5	3	2
3	7	4	6	5	2	1	8	9
5	8	2	1	9	3	7	4	6
8	4	5	9	7	6	2	1	3
2	1	7	5	3	8	9	6	4
6	9	3	4	2	1	8	7	5

244

2	9	8	4	6	3	1	7	5
5	3	4	8	7	1	6	2	9
6	1	7	9	2	5	4	3	8
1	7	6	3	8	2	9	5	4
9	8	2	7	5	4	3	1	6
3	4	5	6	1	9	2	8	7
7	2	3	5	4	6	8	9	1
4	5	9	1	3	8	7	6	2
8	6	1	2	9	7	5	4	3

245

3	2	8	1	4	9	6	5	7
4	5	9	8	6	7	2	3	1
6	7	1	5	2	3	4	8	9
9	3	4	7	8	2	1	6	5
2	6	7	3	1	5	9	4	8
8	1	5	4	9	6	7	2	3
5	4	3	6	7	1	8	9	2
1	9	6	2	3	8	5	7	4
7	8	2	9	5	4	3	1	6

246

5	7	9	3	4	2	8	6	1
3	8	1	7	9	6	5	4	2
4	6	2	1	8	5	7	9	3
6	3	8	4	5	9	2	1	7
2	9	5	6	7	1	4	3	8
7	1	4	8	2	3	6	5	9
8	4	3	9	6	7	1	2	5
9	5	6	2	1	8	3	7	4
1	2	7	5	3	4	9	8	6

247

5	4	8	3	7	1	6	9	2
3	7	6	9	2	5	1	8	4
1	2	9	8	4	6	3	5	7
4	1	5	7	6	8	2	3	9
2	9	7	1	3	4	8	6	5
8	6	3	2	5	9	4	7	1
9	5	4	6	8	2	7	1	3
6	3	2	5	1	7	9	4	8
7	8	1	4	9	3	5	2	6

248

2	8	9	5	4	3	6	1	7
4	5	1	6	7	2	3	9	8
7	3	6	9	8	1	5	4	2
5	6	8	4	1	7	9	2	3
3	2	7	8	9	6	4	5	1
9	1	4	3	2	5	8	7	6
6	4	2	1	3	9	7	8	5
1	9	3	7	5	8	2	6	4
8	7	5	2	6	4	1	3	9

249

5	4	3	2	6	8	7	1	9
1	2	6	9	5	7	8	4	3
8	7	9	1	4	3	5	2	6
3	9	1	6	2	5	4	8	7
4	5	8	7	9	1	3	6	2
7	6	2	8	3	4	1	9	5
9	1	7	3	8	2	6	5	4
2	3	5	4	1	6	9	7	8
6	8	4	5	7	9	2	3	1

250

1	9	7	3	8	6	2	5	4
6	5	8	4	7	2	9	1	3
3	4	2	5	9	1	8	6	7
5	3	1	9	6	7	4	8	2
8	2	4	1	3	5	7	9	6
7	6	9	8	2	4	5	3	1
2	7	5	6	1	8	3	4	9
9	8	6	7	4	3	1	2	5
4	1	3	2	5	9	6	7	8

251

9	3	2	5	8	1	7	4	6
7	1	5	4	6	9	3	2	8
8	6	4	7	3	2	5	9	1
1	7	6	2	5	3	9	8	4
4	9	3	8	1	7	2	6	5
5	2	8	9	4	6	1	7	3
6	4	9	3	7	5	8	1	2
3	8	7	1	2	4	6	5	9
2	5	1	6	9	8	4	3	7

252

8	2	9	7	1	6	4	5	3
7	5	1	4	3	9	2	8	6
4	6	3	8	2	5	9	1	7
2	7	5	9	6	8	3	4	1
6	3	8	1	4	2	7	9	5
1	9	4	5	7	3	6	2	8
9	4	7	6	8	1	5	3	2
5	1	2	3	9	7	8	6	4
3	8	6	2	5	4	1	7	9

253

1	7	5	9	3	2	4	6	8
2	6	8	1	5	4	3	9	7
9	4	3	7	8	6	5	1	2
5	9	7	4	1	3	8	2	6
4	2	6	8	7	9	1	3	5
8	3	1	2	6	5	7	4	9
7	1	9	6	4	8	2	5	3
3	8	2	5	9	1	6	7	4
6	5	4	3	2	7	9	8	1

254

9	4	7	8	5	6	3	1	2
1	5	6	3	2	4	8	9	7
2	8	3	1	9	7	6	4	5
5	6	9	7	4	3	1	2	8
4	3	2	9	8	1	7	5	6
8	7	1	2	6	5	9	3	4
7	2	4	6	3	9	5	8	1
6	9	5	4	1	8	2	7	3
3	1	8	5	7	2	4	6	9

255

4	3	6	2	9	7	5	8	1
1	9	5	8	6	4	2	3	7
2	7	8	3	5	1	4	9	6
5	2	1	6	3	8	7	4	9
6	8	9	4	7	2	1	5	3
7	4	3	9	1	5	8	6	2
8	6	2	7	4	3	9	1	5
3	1	7	5	8	9	6	2	4
9	5	4	1	2	6	3	7	8

256

4	7	1	9	8	5	6	3	2
5	6	9	2	1	3	8	7	4
3	8	2	7	4	6	5	9	1
9	5	3	8	2	7	1	4	6
7	1	6	5	3	4	9	2	8
2	4	8	6	9	1	3	5	7
1	3	5	4	6	2	7	8	9
8	2	7	1	5	9	4	6	3
6	9	4	3	7	8	2	1	5

257

5	6	2	8	3	1	9	4	7
8	7	1	4	9	6	3	5	2
3	4	9	2	5	7	8	6	1
7	1	4	6	8	2	5	3	9
6	5	8	9	7	3	1	2	4
2	9	3	1	4	5	6	7	8
4	8	7	5	6	9	2	1	3
1	3	6	7	2	8	4	9	5
9	2	5	3	1	4	7	8	6

258

3	1	7	2	6	8	4	5	9
9	8	2	5	3	4	1	7	6
4	6	5	7	1	9	8	3	2
5	7	6	4	8	3	2	9	1
2	9	8	6	7	1	5	4	3
1	3	4	9	5	2	7	6	8
7	2	1	3	4	6	9	8	5
6	4	9	8	2	5	3	1	7
8	5	3	1	9	7	6	2	4

259

6	8	9	2	7	5	3	4	1
7	1	2	3	4	9	6	8	5
3	4	5	6	1	8	7	2	9
2	7	8	9	3	6	1	5	4
1	6	3	4	5	2	9	7	8
5	9	4	7	8	1	2	3	6
8	3	7	1	9	4	5	6	2
4	2	1	5	6	7	8	9	3
9	5	6	8	2	3	4	1	7

260

7	5	4	8	6	9	3	2	1
1	8	6	3	7	2	9	4	5
2	3	9	4	1	5	8	7	6
8	6	2	5	9	4	1	3	7
4	9	1	6	3	7	5	8	2
3	7	5	2	8	1	4	6	9
5	2	3	9	4	6	7	1	8
6	1	8	7	5	3	2	9	4
9	4	7	1	2	8	6	5	3

261

3	1	7	5	8	9	4	6	2
9	2	4	1	6	3	8	5	7
5	6	8	2	4	7	9	3	1
8	4	3	7	5	1	6	2	9
6	9	1	8	2	4	3	7	5
7	5	2	3	9	6	1	8	4
4	3	9	6	7	5	2	1	8
2	7	6	9	1	8	5	4	3
1	8	5	4	3	2	7	9	6

262

5	9	3	7	4	1	8	2	6
6	7	2	8	9	5	3	1	4
8	4	1	2	3	6	9	5	7
2	1	9	6	7	8	5	4	3
3	5	8	9	2	4	7	6	1
7	6	4	1	5	3	2	9	8
9	3	6	5	1	7	4	8	2
1	2	7	4	8	9	6	3	5
4	8	5	3	6	2	1	7	9

263

9	3	6	2	5	7	1	8	4
5	8	2	1	4	3	9	6	7
4	1	7	8	9	6	5	3	2
2	7	8	5	6	9	3	4	1
3	4	1	7	2	8	6	9	5
6	5	9	4	3	1	2	7	8
1	2	3	9	8	4	7	5	6
8	6	5	3	7	2	4	1	9
7	9	4	6	1	5	8	2	3

264

7	2	4	1	3	5	8	9	6
5	6	9	2	4	8	7	3	1
8	3	1	7	9	6	4	5	2
9	5	7	6	8	4	2	1	3
1	4	2	3	5	7	6	8	9
3	8	6	9	1	2	5	7	4
6	1	8	4	7	3	9	2	5
2	7	3	5	6	9	1	4	8
4	9	5	8	2	1	3	6	7

265

5	1	8	7	4	6	3	9	2
2	6	9	3	1	5	7	4	8
4	7	3	8	9	2	6	5	1
1	4	6	5	3	8	9	2	7
9	8	5	4	2	7	1	3	6
3	2	7	9	6	1	5	8	4
8	9	1	6	5	4	2	7	3
7	3	2	1	8	9	4	6	5
6	5	4	2	7	3	8	1	9

266

2	6	9	4	3	5	1	7	8
1	4	8	6	2	7	5	9	3
7	5	3	1	8	9	4	2	6
5	7	2	9	6	3	8	4	1
9	8	6	2	1	4	3	5	7
3	1	4	5	7	8	9	6	2
6	9	1	8	4	2	7	3	5
8	3	5	7	9	6	2	1	4
4	2	7	3	5	1	6	8	9

267

3	9	6	7	5	8	4	2	1
2	5	7	1	4	3	6	8	9
8	1	4	6	9	2	5	3	7
6	8	1	4	7	9	2	5	3
7	2	3	8	1	5	9	4	6
5	4	9	2	3	6	1	7	8
4	6	2	3	8	1	7	9	5
1	3	5	9	2	7	8	6	4
9	7	8	5	6	4	3	1	2

268

7	5	1	3	6	9	8	2	4
3	4	2	8	5	7	6	9	1
6	8	9	4	1	2	7	3	5
8	3	7	2	9	1	5	4	6
5	2	4	7	3	6	9	1	8
9	1	6	5	8	4	2	7	3
2	7	5	1	4	8	3	6	9
1	9	3	6	2	5	4	8	7
4	6	8	9	7	3	1	5	2

269

9	8	3	1	6	4	7	2	5
5	4	7	8	3	2	6	9	1
2	6	1	7	5	9	3	8	4
8	7	4	6	2	3	1	5	9
3	5	9	4	1	7	8	6	2
6	1	2	9	8	5	4	3	7
1	2	5	3	4	8	9	7	6
7	3	6	5	9	1	2	4	8
4	9	8	2	7	6	5	1	3

270

4	6	8	9	3	7	2	1	5
9	1	7	6	5	2	8	3	4
5	2	3	4	1	8	7	6	9
1	5	9	7	2	6	4	8	3
3	8	6	5	4	1	9	7	2
2	7	4	8	9	3	6	5	1
6	4	2	1	8	5	3	9	7
7	9	1	3	6	4	5	2	8
8	3	5	2	7	9	1	4	6

271

5	8	2	6	9	4	3	1	7
7	6	4	3	2	1	9	5	8
9	3	1	7	5	8	6	4	2
6	1	3	5	4	7	2	8	9
8	7	9	2	1	6	4	3	5
4	2	5	8	3	9	7	6	1
1	4	8	9	6	2	5	7	3
3	9	6	1	7	5	8	2	4
2	5	7	4	8	3	1	9	6

272

2	6	9	5	4	3	7	1	8
3	1	4	7	8	2	5	6	9
8	5	7	6	1	9	2	3	4
7	3	5	1	9	6	4	8	2
6	4	8	2	3	5	9	7	1
9	2	1	4	7	8	6	5	3
5	8	3	9	6	4	1	2	7
1	9	6	8	2	7	3	4	5
4	7	2	3	5	1	8	9	6

273

4	7	5	1	3	2	6	8	9
9	2	6	8	4	5	7	3	1
3	8	1	7	9	6	4	5	2
6	1	4	9	2	8	3	7	5
2	5	3	6	1	7	8	9	4
8	9	7	3	5	4	2	1	6
7	3	2	5	6	9	1	4	8
5	6	8	4	7	1	9	2	3
1	4	9	2	8	3	5	6	7

274

7	5	9	4	8	1	3	6	2
8	2	3	9	6	7	4	1	5
4	6	1	5	3	2	7	8	9
3	8	4	1	2	9	6	5	7
6	7	5	3	4	8	2	9	1
9	1	2	7	5	6	8	3	4
1	3	6	2	9	4	5	7	8
5	4	7	8	1	3	9	2	6
2	9	8	6	7	5	1	4	3

275

5	7	8	1	6	2	4	9	3
4	1	2	9	3	7	5	8	6
6	9	3	8	5	4	7	2	1
1	2	7	6	8	3	9	4	5
3	5	9	4	7	1	2	6	8
8	6	4	2	9	5	3	1	7
9	4	5	3	1	6	8	7	2
2	3	6	7	4	8	1	5	9
7	8	1	5	2	9	6	3	4

276

7	1	2	8	4	5	6	3	9
6	9	5	1	3	7	4	8	2
3	8	4	6	9	2	1	5	7
8	5	9	4	7	1	3	2	6
2	6	3	9	5	8	7	4	1
1	4	7	3	2	6	5	9	8
9	2	1	5	6	3	8	7	4
5	7	8	2	1	4	9	6	3
4	3	6	7	8	9	2	1	5

277

6	7	9	5	2	3	4	1	8
4	3	1	8	7	6	9	5	2
5	8	2	9	4	1	3	6	7
1	4	5	3	6	8	2	7	9
2	6	8	7	9	4	5	3	1
7	9	3	1	5	2	8	4	6
3	2	6	4	1	9	7	8	5
8	1	7	2	3	5	6	9	4
9	5	4	6	8	7	1	2	3

278

8	6	7	3	9	1	4	2	5
5	4	3	2	7	8	9	6	1
9	2	1	4	5	6	8	7	3
4	1	6	8	3	7	5	9	2
2	5	9	1	6	4	3	8	7
3	7	8	9	2	5	1	4	6
1	9	2	6	8	3	7	5	4
7	8	4	5	1	2	6	3	9
6	3	5	7	4	9	2	1	8

279

7	8	6	1	5	4	9	2	3
9	3	5	2	6	8	1	7	4
1	4	2	9	3	7	8	5	6
5	6	7	8	1	3	4	9	2
2	9	4	6	7	5	3	8	1
8	1	3	4	9	2	7	6	5
6	2	8	7	4	1	5	3	9
3	7	1	5	2	9	6	4	8
4	5	9	3	8	6	2	1	7

280

8	1	7	9	5	6	4	3	2
9	6	5	2	4	3	8	7	1
3	2	4	7	8	1	6	5	9
4	9	1	3	6	8	5	2	7
5	8	3	1	7	2	9	4	6
6	7	2	4	9	5	1	8	3
7	4	6	5	2	9	3	1	8
2	3	9	8	1	4	7	6	5
1	5	8	6	3	7	2	9	4

281

9	2	4	6	7	3	8	1	5
6	5	7	9	1	8	4	2	3
8	3	1	2	4	5	7	9	6
1	4	8	5	9	6	3	7	2
7	9	3	8	2	4	5	6	1
5	6	2	7	3	1	9	4	8
4	1	6	3	8	9	2	5	7
2	8	9	1	5	7	6	3	4
3	7	5	4	6	2	1	8	9

282

5	3	9	1	6	4	2	8	7
4	8	2	7	9	5	6	3	1
6	7	1	3	2	8	5	4	9
7	1	5	8	3	6	9	2	4
8	6	4	2	7	9	1	5	3
9	2	3	5	4	1	8	7	6
2	4	8	9	1	7	3	6	5
1	5	6	4	8	3	7	9	2
3	9	7	6	5	2	4	1	8

283

7	6	1	9	4	3	8	5	2
9	3	4	2	8	5	7	1	6
8	5	2	1	7	6	4	3	9
3	9	8	6	1	4	2	7	5
5	4	7	8	3	2	6	9	1
1	2	6	7	5	9	3	4	8
2	7	3	5	6	1	9	8	4
4	1	9	3	2	8	5	6	7
6	8	5	4	9	7	1	2	3

284

7	2	5	4	8	6	3	1	9
1	6	4	2	9	3	7	5	8
3	9	8	7	1	5	2	4	6
9	4	3	5	7	8	6	2	1
5	1	2	6	3	9	4	8	7
8	7	6	1	2	4	9	3	5
4	5	1	9	6	2	8	7	3
2	8	9	3	5	7	1	6	4
6	3	7	8	4	1	5	9	2

285

3	8	6	7	5	9	2	1	4
1	5	7	8	2	4	3	6	9
4	2	9	3	1	6	8	5	7
7	9	2	5	4	8	6	3	1
6	3	8	9	7	1	4	2	5
5	1	4	2	6	3	9	7	8
9	6	5	4	3	7	1	8	2
8	7	3	1	9	2	5	4	6
2	4	1	6	8	5	7	9	3

286

4	2	1	8	3	9	6	5	7
6	5	9	1	4	7	8	2	3
7	3	8	2	5	6	4	9	1
2	1	4	3	9	8	5	7	6
3	8	6	5	7	1	2	4	9
5	9	7	6	2	4	3	1	8
1	4	5	9	6	3	7	8	2
9	7	3	4	8	2	1	6	5
8	6	2	7	1	5	9	3	4

287

2	3	4	7	1	9	8	6	5
8	5	6	3	4	2	1	7	9
9	7	1	5	6	8	3	2	4
3	9	5	1	7	6	4	8	2
4	8	7	2	5	3	9	1	6
6	1	2	8	9	4	5	3	7
7	2	9	4	8	1	6	5	3
1	6	3	9	2	5	7	4	8
5	4	8	6	3	7	2	9	1

288

3	9	8	1	5	4	6	2	7
7	5	6	2	8	9	3	4	1
2	1	4	3	6	7	8	9	5
9	7	5	6	2	8	4	1	3
4	2	3	5	7	1	9	6	8
8	6	1	4	9	3	7	5	2
6	3	9	8	1	2	5	7	4
5	8	2	7	4	6	1	3	9
1	4	7	9	3	5	2	8	6

289

7	2	3	6	1	8	4	5	9
8	4	9	7	5	2	3	1	6
5	6	1	3	9	4	2	7	8
9	7	5	2	4	6	1	8	3
1	8	4	9	7	3	5	6	2
6	3	2	5	8	1	7	9	4
2	9	7	4	6	5	8	3	1
4	1	6	8	3	7	9	2	5
3	5	8	1	2	9	6	4	7

290

6	4	5	9	2	3	1	8	7
7	2	8	1	5	6	4	3	9
3	1	9	8	7	4	5	2	6
9	5	2	6	1	8	7	4	3
1	6	7	4	3	2	8	9	5
8	3	4	7	9	5	2	6	1
2	7	6	3	8	1	9	5	4
5	9	3	2	4	7	6	1	8
4	8	1	5	6	9	3	7	2

291

3	1	7	5	4	2	8	6	9
8	6	5	9	7	3	1	4	2
4	9	2	6	8	1	7	5	3
1	3	6	7	2	4	5	9	8
5	7	4	8	1	9	3	2	6
2	8	9	3	5	6	4	1	7
7	2	8	4	9	5	6	3	1
6	4	1	2	3	7	9	8	5
9	5	3	1	6	8	2	7	4

292

8	9	7	4	1	2	5	6	3
4	2	3	5	6	8	7	1	9
5	1	6	3	9	7	4	8	2
6	3	9	8	4	1	2	5	7
2	8	4	7	3	5	6	9	1
1	7	5	9	2	6	8	3	4
7	6	2	1	5	3	9	4	8
3	4	8	6	7	9	1	2	5
9	5	1	2	8	4	3	7	6

293

6	9	1	7	4	3	2	5	8
8	7	5	6	2	1	9	3	4
3	2	4	8	5	9	1	7	6
4	6	2	3	7	8	5	9	1
5	1	8	2	9	6	3	4	7
9	3	7	5	1	4	6	8	2
2	4	6	9	3	7	8	1	5
1	5	9	4	8	2	7	6	3
7	8	3	1	6	5	4	2	9

294

3	4	5	6	8	1	7	2	9
2	6	7	5	3	9	4	8	1
9	8	1	7	4	2	3	6	5
8	3	9	2	7	4	1	5	6
7	5	6	1	9	8	2	3	4
1	2	4	3	5	6	8	9	7
4	1	8	9	6	3	5	7	2
5	9	3	4	2	7	6	1	8
6	7	2	8	1	5	9	4	3

295

9	8	3	7	6	4	1	2	5
7	2	5	9	8	1	4	6	3
4	1	6	3	2	5	7	8	9
2	6	7	5	3	9	8	1	4
8	5	4	1	7	2	3	9	6
1	3	9	6	4	8	5	7	2
5	9	2	8	1	3	6	4	7
3	7	1	4	9	6	2	5	8
6	4	8	2	5	7	9	3	1

296

9	8	6	4	1	7	2	3	5
5	7	4	3	2	9	6	1	8
1	2	3	6	8	5	9	4	7
7	9	8	1	4	6	3	5	2
6	4	5	9	3	2	8	7	1
3	1	2	7	5	8	4	9	6
8	6	9	5	7	3	1	2	4
4	3	7	2	6	1	5	8	9
2	5	1	8	9	4	7	6	3

297

4	1	2	6	7	5	9	3	8
3	9	6	8	1	2	7	4	5
5	7	8	9	3	4	6	1	2
2	4	1	7	8	6	3	5	9
8	6	3	5	9	1	4	2	7
7	5	9	4	2	3	1	8	6
1	3	5	2	6	9	8	7	4
6	2	7	3	4	8	5	9	1
9	8	4	1	5	7	2	6	3

298

4	8	2	7	1	5	3	9	6
1	9	7	4	3	6	5	2	8
5	3	6	9	8	2	7	1	4
8	7	1	3	6	4	2	5	9
3	5	9	2	7	8	4	6	1
2	6	4	5	9	1	8	3	7
9	4	5	1	2	7	6	8	3
6	2	3	8	4	9	1	7	5
7	1	8	6	5	3	9	4	2

299

8	6	5	7	3	4	2	1	9
2	7	9	5	1	6	4	8	3
1	3	4	9	8	2	6	5	7
3	8	6	1	9	7	5	2	4
5	9	2	6	4	8	3	7	1
7	4	1	2	5	3	9	6	8
6	5	3	4	7	1	8	9	2
4	2	7	8	6	9	1	3	5
9	1	8	3	2	5	7	4	6

300

3	7	4	1	2	6	5	9	8
6	2	9	5	3	8	7	4	1
5	8	1	9	4	7	6	3	2
2	3	7	4	6	1	8	5	9
4	5	6	7	8	9	2	1	3
1	9	8	3	5	2	4	6	7
8	1	2	6	9	5	3	7	4
7	6	3	2	1	4	9	8	5
9	4	5	8	7	3	1	2	6

301

6	3	1	8	9	5	2	4	7
4	2	8	3	6	7	5	1	9
9	7	5	4	1	2	6	3	8
7	6	9	5	4	8	1	2	3
1	5	2	6	7	3	8	9	4
8	4	3	9	2	1	7	6	5
2	1	4	7	8	9	3	5	6
5	8	6	1	3	4	9	7	2
3	9	7	2	5	6	4	8	1

302

6	2	7	4	1	5	8	9	3
3	8	4	9	2	7	5	6	1
1	5	9	6	8	3	2	7	4
2	4	6	3	9	8	1	5	7
8	9	1	5	7	2	4	3	6
5	7	3	1	4	6	9	8	2
9	3	2	7	5	1	6	4	8
7	1	5	8	6	4	3	2	9
4	6	8	2	3	9	7	1	5

303

9	2	7	1	4	8	6	5	3
8	4	3	5	6	9	7	2	1
6	5	1	2	3	7	4	8	9
7	8	9	3	5	2	1	4	6
2	1	6	8	7	4	9	3	5
5	3	4	9	1	6	2	7	8
1	6	2	7	8	5	3	9	4
3	7	5	4	9	1	8	6	2
4	9	8	6	2	3	5	1	7

304

6	8	4	5	7	9	1	2	3
1	3	9	8	2	6	5	7	4
2	5	7	4	3	1	9	6	8
8	2	1	3	5	7	4	9	6
9	7	3	6	8	4	2	5	1
4	6	5	1	9	2	8	3	7
3	9	2	7	4	8	6	1	5
7	1	8	2	6	5	3	4	9
5	4	6	9	1	3	7	8	2

305

5	9	2	8	3	7	1	4	6
6	7	3	9	4	1	2	8	5
8	1	4	5	2	6	9	3	7
1	8	6	7	5	3	4	9	2
7	3	9	4	1	2	6	5	8
4	2	5	6	8	9	3	7	1
9	4	7	1	6	8	5	2	3
3	5	1	2	7	4	8	6	9
2	6	8	3	9	5	7	1	4

306

2	4	3	6	7	1	8	5	9
5	9	7	2	8	3	1	4	6
1	6	8	9	5	4	7	2	3
6	1	5	4	9	8	3	7	2
9	3	4	1	2	7	6	8	5
7	8	2	3	6	5	4	9	1
8	7	1	5	3	2	9	6	4
4	2	6	8	1	9	5	3	7
3	5	9	7	4	6	2	1	8

307

7	9	8	4	6	1	3	2	5
6	2	5	7	3	9	8	4	1
4	3	1	8	2	5	7	6	9
1	8	3	5	9	6	4	7	2
5	7	2	3	8	4	1	9	6
9	6	4	1	7	2	5	3	8
2	5	7	6	1	3	9	8	4
3	4	6	9	5	8	2	1	7
8	1	9	2	4	7	6	5	3

308

6	4	8	1	3	7	9	5	2
5	9	1	6	4	2	3	8	7
7	2	3	8	9	5	6	1	4
4	6	7	2	1	8	5	9	3
3	1	5	4	7	9	8	2	6
2	8	9	3	5	6	7	4	1
9	5	2	7	6	1	4	3	8
8	7	4	9	2	3	1	6	5
1	3	6	5	8	4	2	7	9

309

4	8	3	5	7	2	9	6	1
6	2	9	1	8	3	7	4	5
7	1	5	6	4	9	3	2	8
9	5	7	2	6	4	8	1	3
2	3	4	9	1	8	6	5	7
8	6	1	3	5	7	4	9	2
3	9	6	8	2	1	5	7	4
5	7	2	4	3	6	1	8	9
1	4	8	7	9	5	2	3	6

310

8	9	4	5	7	1	3	2	6
2	1	3	4	9	6	7	5	8
5	7	6	3	8	2	4	9	1
4	6	1	9	5	8	2	3	7
3	8	9	2	4	7	1	6	5
7	2	5	6	1	3	8	4	9
1	3	2	7	6	9	5	8	4
6	4	7	8	2	5	9	1	3
9	5	8	1	3	4	6	7	2

311

2	1	8	3	5	4	7	6	9
6	9	3	1	8	7	2	4	5
4	5	7	9	2	6	1	8	3
1	8	9	2	7	3	4	5	6
5	3	2	6	4	1	8	9	7
7	6	4	5	9	8	3	2	1
9	7	1	8	6	2	5	3	4
3	2	6	4	1	5	9	7	8
8	4	5	7	3	9	6	1	2

312

5	3	4	6	8	1	7	2	9
2	6	8	7	3	9	1	5	4
1	9	7	4	5	2	3	8	6
4	8	5	2	1	3	6	9	7
3	2	6	5	9	7	8	4	1
7	1	9	8	6	4	2	3	5
9	5	2	1	7	8	4	6	3
6	4	1	3	2	5	9	7	8
8	7	3	9	4	6	5	1	2

313

5	3	1	6	7	4	2	9	8
4	6	8	9	1	2	5	3	7
9	2	7	8	5	3	4	1	6
1	4	5	3	8	7	9	6	2
2	9	3	5	4	6	7	8	1
8	7	6	2	9	1	3	4	5
7	8	4	1	2	9	6	5	3
3	5	2	4	6	8	1	7	9
6	1	9	7	3	5	8	2	4

314

8	3	2	9	5	1	4	6	7
9	6	1	4	3	7	5	2	8
5	4	7	6	8	2	3	1	9
7	8	9	3	1	4	6	5	2
6	5	4	7	2	8	1	9	3
2	1	3	5	6	9	8	7	4
3	2	8	1	7	5	9	4	6
1	9	6	2	4	3	7	8	5
4	7	5	8	9	6	2	3	1

315

9	4	6	5	8	7	2	1	3
2	1	8	3	4	6	7	9	5
3	5	7	2	9	1	4	8	6
6	8	1	9	5	2	3	4	7
7	9	5	1	3	4	8	6	2
4	2	3	7	6	8	9	5	1
8	7	9	6	1	3	5	2	4
5	6	2	4	7	9	1	3	8
1	3	4	8	2	5	6	7	9

316

4	7	9	3	2	1	5	8	6
5	2	6	7	9	8	4	1	3
1	8	3	5	6	4	7	9	2
7	5	2	1	3	6	8	4	9
8	3	1	9	4	5	6	2	7
6	9	4	2	8	7	1	3	5
2	1	5	8	7	3	9	6	4
3	4	7	6	1	9	2	5	8
9	6	8	4	5	2	3	7	1

317

2	7	4	5	6	3	9	1	8
9	6	3	1	4	8	5	2	7
5	1	8	9	2	7	6	3	4
4	2	7	6	5	9	1	8	3
3	8	9	7	1	4	2	5	6
1	5	6	8	3	2	7	4	9
6	4	2	3	9	1	8	7	5
8	3	5	2	7	6	4	9	1
7	9	1	4	8	5	3	6	2

318

1	7	5	4	3	6	8	2	9
3	8	6	9	2	1	5	7	4
2	4	9	5	8	7	1	6	3
9	3	1	6	4	5	2	8	7
5	2	8	7	1	3	4	9	6
4	6	7	2	9	8	3	1	5
6	9	3	8	5	2	7	4	1
7	5	2	1	6	4	9	3	8
8	1	4	3	7	9	6	5	2

319

2	8	4	6	7	3	9	1	5
3	7	9	2	5	1	8	6	4
1	5	6	4	8	9	3	7	2
7	3	1	5	6	4	2	9	8
4	6	5	8	9	2	7	3	1
9	2	8	3	1	7	4	5	6
6	4	2	7	3	5	1	8	9
5	1	7	9	2	8	6	4	3
8	9	3	1	4	6	5	2	7

320

7	4	6	2	3	8	1	9	5
2	1	3	5	9	6	8	7	4
9	5	8	1	4	7	2	6	3
6	8	1	3	5	9	4	2	7
3	7	5	4	8	2	6	1	9
4	2	9	7	6	1	3	5	8
5	3	7	6	2	4	9	8	1
1	9	2	8	7	3	5	4	6
8	6	4	9	1	5	7	3	2

321

8	7	9	6	2	3	5	4	1
2	6	4	5	7	1	3	8	9
5	1	3	8	9	4	7	6	2
4	2	7	3	1	5	8	9	6
3	8	5	2	6	9	1	7	4
1	9	6	7	4	8	2	5	3
9	3	8	1	5	6	4	2	7
6	5	2	4	3	7	9	1	8
7	4	1	9	8	2	6	3	5

322

1	5	6	7	8	3	9	2	4
9	3	7	1	2	4	6	8	5
4	8	2	5	9	6	1	3	7
5	1	8	2	3	7	4	9	6
7	2	3	6	4	9	8	5	1
6	4	9	8	5	1	3	7	2
8	7	1	9	6	5	2	4	3
2	6	4	3	7	8	5	1	9
3	9	5	4	1	2	7	6	8

323

1	7	6	5	4	3	2	8	9
2	4	3	6	9	8	5	1	7
5	8	9	7	1	2	4	3	6
3	9	5	1	2	4	7	6	8
4	1	7	8	6	9	3	5	2
6	2	8	3	5	7	9	4	1
8	3	1	9	7	5	6	2	4
7	5	2	4	8	6	1	9	3
9	6	4	2	3	1	8	7	5

324

6	9	5	8	7	3	2	1	4
8	4	1	2	5	6	3	9	7
3	2	7	1	4	9	8	6	5
1	7	6	9	3	2	5	4	8
9	8	2	4	6	5	1	7	3
4	5	3	7	8	1	6	2	9
2	1	8	5	9	7	4	3	6
7	3	4	6	2	8	9	5	1
5	6	9	3	1	4	7	8	2

325

2	6	3	1	8	5	9	4	7
8	1	4	7	3	9	5	2	6
9	7	5	6	4	2	3	1	8
7	2	1	5	6	8	4	3	9
4	5	8	9	1	3	7	6	2
3	9	6	2	7	4	1	8	5
6	3	2	4	9	7	8	5	1
1	8	7	3	5	6	2	9	4
5	4	9	8	2	1	6	7	3

326

4	9	8	1	7	6	5	2	3
5	7	1	3	2	8	9	6	4
3	2	6	9	5	4	1	7	8
8	6	9	7	4	2	3	1	5
1	3	7	5	8	9	6	4	2
2	4	5	6	3	1	8	9	7
9	8	3	4	1	7	2	5	6
7	1	2	8	6	5	4	3	9
6	5	4	2	9	3	7	8	1

327

9	5	1	6	7	3	2	4	8
4	2	7	8	9	5	1	6	3
6	3	8	2	4	1	7	5	9
5	7	2	1	6	8	3	9	4
1	8	9	4	3	7	6	2	5
3	6	4	5	2	9	8	1	7
8	1	3	9	5	6	4	7	2
2	9	6	7	8	4	5	3	1
7	4	5	3	1	2	9	8	6

328

1	3	2	5	6	4	9	8	7
5	8	4	3	7	9	1	6	2
9	7	6	8	1	2	3	5	4
4	6	3	7	9	8	5	2	1
8	2	9	6	5	1	7	4	3
7	1	5	4	2	3	8	9	6
2	5	1	9	4	7	6	3	8
3	9	7	2	8	6	4	1	5
6	4	8	1	3	5	2	7	9

329

3	2	1	6	4	9	7	5	8
5	4	9	8	1	7	6	3	2
6	8	7	2	3	5	4	1	9
8	6	3	7	9	1	2	4	5
1	9	4	5	8	2	3	6	7
2	7	5	3	6	4	9	8	1
7	3	8	9	5	6	1	2	4
9	1	6	4	2	8	5	7	3
4	5	2	1	7	3	8	9	6

330

8	9	2	7	6	4	5	1	3
7	3	1	9	2	5	4	8	6
5	4	6	1	8	3	9	7	2
3	6	5	8	9	2	1	4	7
1	8	7	5	4	6	2	3	9
9	2	4	3	1	7	6	5	8
6	1	3	4	7	9	8	2	5
4	7	9	2	5	8	3	6	1
2	5	8	6	3	1	7	9	4

331

2	4	8	9	7	6	5	1	3
3	7	9	8	1	5	6	2	4
5	1	6	4	2	3	8	9	7
7	9	1	3	6	8	4	5	2
8	3	2	7	5	4	1	6	9
6	5	4	2	9	1	3	7	8
9	8	5	1	3	2	7	4	6
4	6	7	5	8	9	2	3	1
1	2	3	6	4	7	9	8	5

332

8	5	1	4	9	6	3	7	2
4	7	6	2	8	3	1	5	9
3	9	2	5	7	1	6	4	8
1	8	9	3	4	7	5	2	6
7	2	3	8	6	5	4	9	1
5	6	4	9	1	2	7	8	3
2	1	8	7	3	4	9	6	5
9	3	7	6	5	8	2	1	4
6	4	5	1	2	9	8	3	7

333

2	6	9	4	7	3	8	5	1
3	4	5	1	2	8	9	6	7
7	8	1	5	9	6	2	3	4
8	9	6	3	1	2	4	7	5
1	3	4	8	5	7	6	2	9
5	7	2	9	6	4	3	1	8
6	2	8	7	4	1	5	9	3
9	1	3	2	8	5	7	4	6
4	5	7	6	3	9	1	8	2

334

6	7	4	9	1	8	2	3	5
3	9	2	6	4	5	8	7	1
8	1	5	3	7	2	9	4	6
5	8	1	2	6	4	7	9	3
9	2	3	1	5	7	4	6	8
4	6	7	8	9	3	5	1	2
7	4	6	5	8	1	3	2	9
1	3	8	7	2	9	6	5	4
2	5	9	4	3	6	1	8	7

335

5	9	8	7	3	1	6	2	4
7	1	2	4	5	6	9	8	3
3	4	6	9	8	2	7	1	5
8	7	1	6	9	3	4	5	2
4	2	9	5	7	8	1	3	6
6	3	5	2	1	4	8	9	7
9	6	4	1	2	5	3	7	8
1	5	3	8	6	7	2	4	9
2	8	7	3	4	9	5	6	1

336

7	3	5	6	2	9	8	1	4
8	1	2	4	7	5	6	3	9
9	4	6	3	1	8	2	7	5
6	2	4	5	8	7	3	9	1
3	8	7	9	6	1	4	5	2
1	5	9	2	4	3	7	6	8
5	6	1	8	3	4	9	2	7
4	9	3	7	5	2	1	8	6
2	7	8	1	9	6	5	4	3

337

9	7	8	5	2	6	4	1	3
4	2	1	8	9	3	7	6	5
5	3	6	7	1	4	9	2	8
3	6	2	9	7	5	1	8	4
8	5	4	1	3	2	6	7	9
7	1	9	4	6	8	3	5	2
6	8	5	3	4	7	2	9	1
1	4	7	2	5	9	8	3	6
2	9	3	6	8	1	5	4	7

338

3	2	4	5	8	7	1	6	9
9	7	5	6	1	3	2	4	8
1	6	8	2	4	9	7	3	5
7	8	6	9	5	1	4	2	3
4	3	9	7	2	8	6	5	1
2	5	1	4	3	6	8	9	7
6	4	7	1	9	5	3	8	2
5	1	3	8	6	2	9	7	4
8	9	2	3	7	4	5	1	6

339

3	6	9	1	4	8	2	7	5
1	4	5	9	2	7	6	8	3
7	2	8	5	3	6	1	4	9
2	9	3	8	7	5	4	1	6
8	5	6	4	1	9	7	3	2
4	7	1	3	6	2	9	5	8
9	1	4	2	8	3	5	6	7
5	3	7	6	9	1	8	2	4
6	8	2	7	5	4	3	9	1

340

2	3	7	6	9	8	1	4	5
8	5	6	3	4	1	9	2	7
4	1	9	5	2	7	6	8	3
6	4	5	1	8	3	2	7	9
7	2	8	9	5	4	3	6	1
1	9	3	2	7	6	4	5	8
9	7	4	8	3	2	5	1	6
5	6	2	7	1	9	8	3	4
3	8	1	4	6	5	7	9	2

341

7	9	8	1	4	5	2	3	6
5	6	4	3	2	9	7	8	1
1	2	3	6	8	7	5	4	9
2	4	5	7	6	3	1	9	8
8	1	9	2	5	4	6	7	3
3	7	6	9	1	8	4	5	2
4	3	1	8	7	2	9	6	5
9	5	2	4	3	6	8	1	7
6	8	7	5	9	1	3	2	4

342

7	4	5	2	8	9	6	3	1
6	9	3	7	5	1	4	2	8
1	2	8	4	3	6	7	5	9
4	1	9	3	7	8	5	6	2
2	5	6	9	1	4	8	7	3
3	8	7	5	6	2	1	9	4
8	3	1	6	9	5	2	4	7
5	7	2	8	4	3	9	1	6
9	6	4	1	2	7	3	8	5

343

3	9	6	7	8	2	5	4	1
4	8	5	6	9	1	3	7	2
7	2	1	4	3	5	9	6	8
8	7	9	3	6	4	2	1	5
5	3	2	9	1	7	6	8	4
6	1	4	5	2	8	7	9	3
2	5	8	1	7	9	4	3	6
1	6	7	2	4	3	8	5	9
9	4	3	8	5	6	1	2	7

344

2	3	6	7	8	1	5	9	4
5	8	1	4	9	3	6	7	2
9	7	4	6	2	5	1	8	3
7	5	8	1	3	2	9	4	6
1	9	3	5	6	4	8	2	7
4	6	2	9	7	8	3	5	1
6	1	7	2	5	9	4	3	8
3	2	9	8	4	6	7	1	5
8	4	5	3	1	7	2	6	9

345

1	7	6	9	4	5	8	2	3
9	8	2	1	6	3	7	4	5
3	4	5	8	7	2	9	1	6
6	5	1	3	9	4	2	7	8
8	3	7	2	5	1	6	9	4
4	2	9	6	8	7	3	5	1
2	9	4	5	3	8	1	6	7
7	1	3	4	2	6	5	8	9
5	6	8	7	1	9	4	3	2

346

4	8	9	7	3	2	5	1	6
5	3	7	8	1	6	9	2	4
2	6	1	4	9	5	7	8	3
8	9	2	1	4	3	6	5	7
6	1	4	5	2	7	8	3	9
7	5	3	9	6	8	1	4	2
9	7	8	2	5	4	3	6	1
1	2	6	3	8	9	4	7	5
3	4	5	6	7	1	2	9	8

347

4	3	5	2	9	6	7	8	1
8	1	6	4	7	5	9	3	2
7	9	2	1	3	8	4	5	6
1	6	8	3	5	9	2	4	7
9	5	4	7	8	2	6	1	3
3	2	7	6	4	1	8	9	5
5	4	1	9	2	7	3	6	8
6	7	3	8	1	4	5	2	9
2	8	9	5	6	3	1	7	4

348

4	3	7	9	2	1	5	6	8
8	1	6	3	4	5	7	9	2
9	5	2	7	6	8	1	3	4
5	6	9	1	7	2	4	8	3
2	7	8	6	3	4	9	1	5
3	4	1	8	5	9	2	7	6
6	8	4	2	1	7	3	5	9
7	9	5	4	8	3	6	2	1
1	2	3	5	9	6	8	4	7

349

6	5	2	1	9	7	8	3	4
1	3	9	8	4	6	7	2	5
4	8	7	3	5	2	1	6	9
2	6	3	9	1	5	4	8	7
9	7	4	2	8	3	5	1	6
8	1	5	6	7	4	2	9	3
7	2	1	4	6	9	3	5	8
3	4	6	5	2	8	9	7	1
5	9	8	7	3	1	6	4	2

350

7	2	1	5	4	9	8	6	3
5	6	8	3	7	2	9	1	4
3	4	9	8	6	1	5	2	7
4	1	3	9	2	7	6	8	5
6	7	5	1	8	4	3	9	2
9	8	2	6	3	5	4	7	1
8	5	4	2	1	6	7	3	9
2	3	7	4	9	8	1	5	6
1	9	6	7	5	3	2	4	8

351

1	2	8	4	3	6	9	5	7
4	9	7	2	1	5	8	3	6
6	5	3	9	8	7	4	1	2
9	6	1	5	7	4	2	8	3
3	8	2	1	6	9	7	4	5
5	7	4	3	2	8	1	6	9
8	3	9	6	4	2	5	7	1
7	1	5	8	9	3	6	2	4
2	4	6	7	5	1	3	9	8

352

1	8	7	3	9	4	5	6	2
4	3	6	2	5	8	9	7	1
9	5	2	1	7	6	4	8	3
6	1	5	4	2	7	3	9	8
7	2	9	8	3	5	6	1	4
3	4	8	9	6	1	2	5	7
8	7	3	6	4	9	1	2	5
5	6	4	7	1	2	8	3	9
2	9	1	5	8	3	7	4	6

353

8	2	1	6	7	9	4	5	3
7	9	3	4	5	8	1	2	6
5	6	4	3	1	2	9	8	7
4	8	6	5	2	7	3	9	1
3	7	5	9	6	1	2	4	8
9	1	2	8	4	3	7	6	5
2	3	9	1	8	5	6	7	4
1	4	8	7	9	6	5	3	2
6	5	7	2	3	4	8	1	9

354

5	1	8	2	7	6	3	4	9
7	3	2	1	4	9	5	6	8
9	4	6	8	3	5	7	1	2
3	8	1	5	6	4	9	2	7
6	2	7	9	1	3	4	8	5
4	9	5	7	8	2	1	3	6
2	5	3	6	9	1	8	7	4
1	7	9	4	2	8	6	5	3
8	6	4	3	5	7	2	9	1

355

2	6	7	8	5	4	9	3	1
8	4	3	6	9	1	7	5	2
9	1	5	7	3	2	4	6	8
1	5	9	3	7	8	2	4	6
4	3	8	9	2	6	5	1	7
6	7	2	1	4	5	8	9	3
7	8	4	5	6	3	1	2	9
3	2	1	4	8	9	6	7	5
5	9	6	2	1	7	3	8	4

356

8	2	1	9	7	5	3	4	6
6	5	9	4	3	8	2	7	1
4	7	3	1	6	2	9	5	8
9	4	7	8	1	3	5	6	2
3	6	8	5	2	4	1	9	7
2	1	5	6	9	7	4	8	3
5	9	2	3	8	6	7	1	4
1	3	6	7	4	9	8	2	5
7	8	4	2	5	1	6	3	9

357

7	8	6	2	3	4	9	5	1
1	2	5	6	7	9	3	4	8
3	9	4	1	5	8	6	7	2
9	5	7	3	4	1	8	2	6
6	3	2	9	8	5	7	1	4
8	4	1	7	2	6	5	3	9
5	7	9	8	1	2	4	6	3
2	6	3	4	9	7	1	8	5
4	1	8	5	6	3	2	9	7

358

5	2	8	6	3	1	7	9	4
9	7	6	2	4	8	3	1	5
3	1	4	7	9	5	8	6	2
6	4	1	9	8	3	5	2	7
2	3	5	1	6	7	9	4	8
7	8	9	4	5	2	6	3	1
1	9	3	8	7	4	2	5	6
4	5	7	3	2	6	1	8	9
8	6	2	5	1	9	4	7	3

359

8	6	9	3	1	7	2	4	5
5	1	2	8	4	6	3	7	9
3	7	4	2	5	9	6	8	1
4	3	6	7	9	5	8	1	2
1	2	5	4	8	3	7	9	6
7	9	8	6	2	1	4	5	3
9	4	3	1	7	2	5	6	8
6	8	1	5	3	4	9	2	7
2	5	7	9	6	8	1	3	4

360

1	3	9	4	7	5	8	6	2
6	7	8	2	1	9	5	4	3
5	2	4	8	6	3	1	9	7
2	4	3	9	5	7	6	8	1
9	5	6	1	8	2	7	3	4
8	1	7	3	4	6	2	5	9
4	6	5	7	3	1	9	2	8
7	8	2	5	9	4	3	1	6
3	9	1	6	2	8	4	7	5

361

1	3	6	2	8	4	9	7	5
8	2	4	5	9	7	6	3	1
7	9	5	3	1	6	8	4	2
4	6	9	1	7	2	5	8	3
2	1	8	9	5	3	7	6	4
3	5	7	6	4	8	1	2	9
5	4	2	7	6	1	3	9	8
6	8	1	4	3	9	2	5	7
9	7	3	8	2	5	4	1	6

362

9	1	4	6	3	8	7	5	2
8	2	5	4	7	9	3	6	1
6	7	3	1	2	5	8	4	9
3	9	1	5	4	6	2	8	7
2	4	8	7	1	3	6	9	5
7	5	6	9	8	2	1	3	4
4	3	7	8	5	1	9	2	6
1	6	2	3	9	4	5	7	8
5	8	9	2	6	7	4	1	3

363

4	2	1	6	8	7	3	9	5
8	5	3	9	2	1	4	7	6
7	6	9	5	3	4	2	1	8
1	4	7	8	5	2	9	6	3
9	8	5	3	7	6	1	2	4
2	3	6	4	1	9	8	5	7
3	9	8	2	6	5	7	4	1
5	1	4	7	9	8	6	3	2
6	7	2	1	4	3	5	8	9

364

3	4	9	6	5	8	1	7	2
1	2	8	9	3	7	4	5	6
5	7	6	4	2	1	9	3	8
4	8	5	7	6	3	2	1	9
6	3	2	8	1	9	5	4	7
7	9	1	2	4	5	8	6	3
9	1	3	5	8	6	7	2	4
8	6	4	1	7	2	3	9	5
2	5	7	3	9	4	6	8	1

365

3	6	1	9	5	8	2	7	4
7	8	9	2	6	4	3	5	1
2	5	4	3	7	1	9	8	6
4	9	8	6	1	5	7	3	2
1	3	5	7	9	2	6	4	8
6	7	2	8	4	3	1	9	5
8	2	6	5	3	7	4	1	9
5	1	7	4	2	9	8	6	3
9	4	3	1	8	6	5	2	7

366

4	6	9	7	5	2	8	1	3
2	8	3	6	9	1	4	5	7
1	7	5	4	3	8	9	6	2
5	1	8	2	4	7	6	3	9
9	3	2	8	6	5	1	7	4
7	4	6	9	1	3	5	2	8
8	5	4	3	7	6	2	9	1
6	9	7	1	2	4	3	8	5
3	2	1	5	8	9	7	4	6

367

5	6	9	3	8	2	4	7	1
2	3	7	5	4	1	6	8	9
8	4	1	7	9	6	5	3	2
3	7	8	2	6	5	1	9	4
6	1	5	9	3	4	8	2	7
9	2	4	8	1	7	3	5	6
4	9	2	1	5	8	7	6	3
1	8	3	6	7	9	2	4	5
7	5	6	4	2	3	9	1	8

368

7	3	6	2	1	8	5	9	4
4	2	5	7	9	3	8	1	6
8	9	1	5	6	4	2	7	3
1	6	8	9	3	7	4	2	5
9	5	3	6	4	2	1	8	7
2	7	4	1	8	5	3	6	9
5	8	9	4	2	6	7	3	1
6	4	2	3	7	1	9	5	8
3	1	7	8	5	9	6	4	2

369

9	7	6	2	8	4	5	1	3
2	5	4	1	3	7	6	8	9
1	8	3	9	6	5	7	2	4
4	3	5	7	1	2	8	9	6
8	1	2	4	9	6	3	5	7
7	6	9	3	5	8	1	4	2
3	2	7	5	4	1	9	6	8
6	4	1	8	7	9	2	3	5
5	9	8	6	2	3	4	7	1

370

8	1	6	4	3	7	9	2	5
9	4	5	6	1	2	7	3	8
7	2	3	9	8	5	4	1	6
1	5	4	8	6	3	2	9	7
3	6	9	2	7	4	8	5	1
2	7	8	5	9	1	6	4	3
4	9	7	1	5	6	3	8	2
5	3	2	7	4	8	1	6	9
6	8	1	3	2	9	5	7	4

371

2	5	6	8	1	4	3	7	9
4	7	3	9	2	5	8	1	6
8	1	9	7	6	3	4	2	5
5	6	1	2	8	9	7	3	4
7	8	2	3	4	6	9	5	1
3	9	4	1	5	7	6	8	2
9	2	7	4	3	1	5	6	8
1	3	5	6	9	8	2	4	7
6	4	8	5	7	2	1	9	3

372

1	6	2	8	4	7	9	3	5
7	4	3	5	6	9	2	1	8
8	5	9	3	2	1	7	4	6
6	3	5	4	9	8	1	7	2
4	1	7	2	3	5	6	8	9
9	2	8	1	7	6	4	5	3
2	8	4	6	1	3	5	9	7
5	7	6	9	8	4	3	2	1
3	9	1	7	5	2	8	6	4

373

9	7	8	5	3	4	2	6	1
3	5	2	6	8	1	9	7	4
6	1	4	7	2	9	8	3	5
5	8	7	4	1	6	3	9	2
4	6	3	8	9	2	5	1	7
1	2	9	3	7	5	4	8	6
8	3	6	2	4	7	1	5	9
2	9	5	1	6	3	7	4	8
7	4	1	9	5	8	6	2	3

374

3	8	1	2	9	5	7	6	4
4	5	6	7	8	1	3	9	2
7	2	9	3	4	6	5	1	8
9	3	7	6	2	4	1	8	5
2	6	8	5	1	7	4	3	9
5	1	4	8	3	9	2	7	6
8	7	3	9	5	2	6	4	1
6	4	2	1	7	8	9	5	3
1	9	5	4	6	3	8	2	7

375

8	7	4	1	2	6	3	9	5
1	5	6	3	9	8	4	7	2
9	3	2	7	4	5	1	6	8
7	2	1	6	8	4	5	3	9
3	4	8	9	5	7	6	2	1
6	9	5	2	3	1	7	8	4
5	6	7	8	1	2	9	4	3
2	1	3	4	7	9	8	5	6
4	8	9	5	6	3	2	1	7

376

8	6	7	2	3	4	1	5	9
9	5	4	6	8	1	2	7	3
3	2	1	9	7	5	8	4	6
6	8	9	5	2	3	4	1	7
1	4	2	8	6	7	9	3	5
5	7	3	1	4	9	6	8	2
4	9	8	7	5	2	3	6	1
7	1	6	3	9	8	5	2	4
2	3	5	4	1	6	7	9	8

377

3	8	6	9	5	4	2	1	7
2	5	4	7	1	6	3	9	8
7	9	1	8	2	3	5	6	4
1	2	7	3	4	9	6	8	5
6	4	9	2	8	5	1	7	3
5	3	8	6	7	1	4	2	9
4	7	5	1	9	2	8	3	6
8	1	3	4	6	7	9	5	2
9	6	2	5	3	8	7	4	1

378

8	6	2	5	3	4	9	7	1
7	5	4	1	6	9	3	8	2
3	1	9	8	2	7	4	5	6
4	9	1	6	7	2	8	3	5
2	7	6	3	8	5	1	9	4
5	8	3	4	9	1	6	2	7
6	2	7	9	1	8	5	4	3
9	3	5	7	4	6	2	1	8
1	4	8	2	5	3	7	6	9

379

5	3	1	6	9	7	4	8	2
8	6	9	2	3	4	1	5	7
2	4	7	8	1	5	3	6	9
7	8	4	1	5	6	2	9	3
6	9	2	4	8	3	5	7	1
1	5	3	7	2	9	6	4	8
9	2	6	3	4	8	7	1	5
3	7	5	9	6	1	8	2	4
4	1	8	5	7	2	9	3	6

380

1	2	9	5	7	8	4	6	3
4	7	5	9	3	6	1	8	2
3	6	8	2	4	1	5	9	7
8	5	6	7	9	4	3	2	1
2	4	7	8	1	3	6	5	9
9	3	1	6	5	2	7	4	8
7	9	4	3	2	5	8	1	6
5	8	2	1	6	7	9	3	4
6	1	3	4	8	9	2	7	5

381

4	2	5	8	1	9	3	6	7
9	6	1	4	3	7	2	8	5
7	8	3	5	2	6	9	4	1
5	1	8	7	9	3	6	2	4
3	4	2	1	6	8	7	5	9
6	9	7	2	4	5	8	1	3
8	7	4	9	5	2	1	3	6
1	3	9	6	8	4	5	7	2
2	5	6	3	7	1	4	9	8

382

7	5	8	9	2	6	1	3	4
6	2	4	1	3	8	7	9	5
3	1	9	4	7	5	6	2	8
2	6	5	8	9	7	4	1	3
9	3	7	5	4	1	8	6	2
4	8	1	2	6	3	5	7	9
1	4	6	3	5	9	2	8	7
5	7	3	6	8	2	9	4	1
8	9	2	7	1	4	3	5	6

383

1	2	4	5	6	3	9	8	7
3	9	7	1	8	4	2	6	5
5	8	6	2	9	7	1	3	4
2	4	3	7	1	8	6	5	9
9	7	1	3	5	6	4	2	8
8	6	5	4	2	9	7	1	3
4	1	2	9	3	5	8	7	6
7	5	8	6	4	2	3	9	1
6	3	9	8	7	1	5	4	2

384

5	8	6	7	3	9	1	4	2
3	4	2	1	6	8	5	9	7
9	1	7	4	5	2	8	6	3
2	6	8	3	9	4	7	1	5
4	3	5	6	7	1	2	8	9
1	7	9	8	2	5	4	3	6
6	5	4	2	1	3	9	7	8
7	2	1	9	8	6	3	5	4
8	9	3	5	4	7	6	2	1

385

3	1	9	8	7	4	5	6	2
5	2	8	9	1	6	3	4	7
4	7	6	3	2	5	1	9	8
1	3	2	5	6	8	4	7	9
6	9	4	1	3	7	8	2	5
7	8	5	4	9	2	6	3	1
9	4	1	2	5	3	7	8	6
8	5	7	6	4	9	2	1	3
2	6	3	7	8	1	9	5	4

386

1	2	3	9	7	8	4	5	6
6	9	5	4	2	3	8	7	1
8	7	4	5	1	6	3	2	9
4	6	8	2	5	9	7	1	3
5	3	9	1	6	7	2	4	8
7	1	2	3	8	4	9	6	5
9	5	7	6	3	2	1	8	4
2	4	1	8	9	5	6	3	7
3	8	6	7	4	1	5	9	2

387

8	3	9	5	7	4	2	1	6
1	2	6	8	3	9	5	7	4
7	5	4	2	1	6	3	8	9
4	1	5	6	9	8	7	2	3
6	7	3	1	4	2	8	9	5
9	8	2	7	5	3	6	4	1
2	9	8	3	6	1	4	5	7
5	6	1	4	8	7	9	3	2
3	4	7	9	2	5	1	6	8

388

8	4	6	5	7	2	9	3	1
1	3	2	4	9	6	8	5	7
7	5	9	3	8	1	4	6	2
6	9	4	1	2	7	5	8	3
2	1	3	9	5	8	7	4	6
5	7	8	6	3	4	2	1	9
4	8	7	2	1	3	6	9	5
3	2	5	8	6	9	1	7	4
9	6	1	7	4	5	3	2	8

389

8	2	7	4	1	3	5	6	9
6	4	9	7	2	5	8	3	1
3	5	1	8	6	9	2	7	4
9	1	8	2	3	6	4	5	7
2	3	5	9	4	7	6	1	8
4	7	6	1	5	8	3	9	2
7	9	3	5	8	2	1	4	6
1	6	2	3	7	4	9	8	5
5	8	4	6	9	1	7	2	3

390

4	6	8	5	1	3	7	2	9
1	5	2	9	7	8	3	6	4
7	3	9	4	6	2	1	8	5
3	7	1	6	5	4	8	9	2
9	4	5	8	2	1	6	3	7
2	8	6	7	3	9	4	5	1
6	9	3	1	4	5	2	7	8
8	2	4	3	9	7	5	1	6
5	1	7	2	8	6	9	4	3

391

2	3	6	1	4	5	9	7	8
4	5	7	2	9	8	6	3	1
8	9	1	6	7	3	5	2	4
3	2	9	8	6	7	4	1	5
7	1	8	9	5	4	3	6	2
5	6	4	3	2	1	8	9	7
9	4	2	5	1	6	7	8	3
1	8	5	7	3	9	2	4	6
6	7	3	4	8	2	1	5	9

392

3	6	5	4	8	1	9	7	2
9	2	8	6	7	5	4	1	3
7	1	4	3	9	2	5	6	8
2	5	1	8	4	3	6	9	7
4	8	7	2	6	9	1	3	5
6	9	3	1	5	7	2	8	4
5	3	9	7	2	6	8	4	1
1	4	2	9	3	8	7	5	6
8	7	6	5	1	4	3	2	9

393

5	8	1	2	6	4	3	9	7
6	4	7	3	8	9	2	5	1
9	3	2	1	5	7	6	8	4
1	7	6	4	2	8	9	3	5
4	9	5	6	3	1	7	2	8
8	2	3	9	7	5	4	1	6
2	1	9	8	4	6	5	7	3
3	5	4	7	1	2	8	6	9
7	6	8	5	9	3	1	4	2

394

5	7	1	6	8	4	9	2	3
3	2	4	9	7	5	8	1	6
9	8	6	2	1	3	7	4	5
8	6	2	1	4	9	5	3	7
4	5	9	8	3	7	2	6	1
7	1	3	5	2	6	4	8	9
6	4	8	7	5	1	3	9	2
2	9	5	3	6	8	1	7	4
1	3	7	4	9	2	6	5	8

396

7	4	1	2	5	8	3	6	9
6	2	8	1	9	3	4	7	5
9	5	3	7	6	4	1	2	8
4	1	2	3	7	5	8	9	6
8	7	9	6	4	2	5	3	1
3	6	5	9	8	1	2	4	7
1	9	4	8	2	7	6	5	3
2	3	7	5	1	6	9	8	4
5	8	6	4	3	9	7	1	2

396

9	6	1	4	7	2	3	5	8
8	5	3	1	9	6	2	4	7
2	7	4	5	3	8	9	6	1
7	9	8	6	5	3	4	1	2
4	2	5	8	1	9	6	7	3
1	3	6	7	2	4	5	8	9
5	1	2	3	4	7	8	9	6
6	4	9	2	8	1	7	3	5
3	8	7	9	6	5	1	2	4

397

6	1	4	2	3	8	9	5	7
3	7	8	9	1	5	6	2	4
2	9	5	4	7	6	1	8	3
8	4	2	7	6	9	5	3	1
7	6	3	5	8	1	4	9	2
9	5	1	3	4	2	7	6	8
5	3	9	1	2	4	8	7	6
4	2	6	8	5	7	3	1	9
1	8	7	6	9	3	2	4	5

398

2	4	9	7	5	6	8	3	1
5	1	8	2	3	9	7	4	6
3	7	6	8	4	1	9	2	5
6	5	1	4	9	7	2	8	3
9	8	7	3	1	2	5	6	4
4	2	3	6	8	5	1	9	7
8	3	5	9	7	4	6	1	2
7	6	4	1	2	8	3	5	9
1	9	2	5	6	3	4	7	8

399

4	8	9	3	5	6	7	2	1
6	5	1	7	2	4	9	3	8
7	3	2	9	8	1	4	6	5
1	6	8	2	9	7	5	4	3
3	2	5	1	4	8	6	7	9
9	7	4	6	3	5	8	1	2
2	1	7	8	6	9	3	5	4
5	9	6	4	1	3	2	8	7
8	4	3	5	7	2	1	9	6

400

4	7	8	6	2	5	9	3	1
9	1	3	8	7	4	2	6	5
6	2	5	3	1	9	7	4	8
7	5	6	4	9	8	3	1	2
3	8	4	2	5	1	6	7	9
2	9	1	7	6	3	5	8	4
8	4	7	5	3	2	1	9	6
1	6	2	9	8	7	4	5	3
5	3	9	1	4	6	8	2	7

401

5	7	8	3	9	2	4	1	6
2	3	1	4	8	6	5	7	9
4	9	6	7	5	1	8	3	2
6	4	9	1	3	5	2	8	7
1	2	7	8	6	4	9	5	3
3	8	5	9	2	7	1	6	4
9	5	4	6	1	3	7	2	8
7	6	2	5	4	8	3	9	1
8	1	3	2	7	9	6	4	5

402

6	1	3	5	4	7	2	8	9
8	2	4	9	6	1	5	3	7
9	7	5	2	3	8	1	6	4
4	6	9	7	8	2	3	1	5
7	8	2	1	5	3	9	4	6
3	5	1	4	9	6	7	2	8
2	3	6	8	7	5	4	9	1
1	4	7	6	2	9	8	5	3
5	9	8	3	1	4	6	7	2

403

6	8	2	7	1	5	3	9	4
7	5	1	3	9	4	8	2	6
9	4	3	8	6	2	5	7	1
1	2	4	5	7	6	9	3	8
3	7	6	9	8	1	4	5	2
5	9	8	2	4	3	1	6	7
2	3	7	1	5	8	6	4	9
4	1	9	6	3	7	2	8	5
8	6	5	4	2	9	7	1	3

404

4	2	3	1	7	5	9	6	8
9	7	6	3	2	8	1	4	5
1	8	5	6	4	9	2	7	3
2	5	4	9	3	7	8	1	6
7	3	8	2	6	1	5	9	4
6	1	9	5	8	4	3	2	7
8	6	2	7	1	3	4	5	9
3	9	7	4	5	2	6	8	1
5	4	1	8	9	6	7	3	2

405

5	7	6	9	2	4	1	3	8
8	2	3	6	1	7	4	5	9
4	9	1	5	3	8	7	6	2
2	3	7	1	4	9	6	8	5
6	4	5	7	8	3	9	2	1
1	8	9	2	5	6	3	7	4
9	5	8	3	7	1	2	4	6
7	6	4	8	9	2	5	1	3
3	1	2	4	6	5	8	9	7

406

7	2	4	3	8	9	1	6	5
1	8	6	5	4	2	9	3	7
3	9	5	7	1	6	4	2	8
8	5	1	6	7	4	2	9	3
2	4	9	1	3	5	7	8	6
6	3	7	2	9	8	5	1	4
5	7	3	8	2	1	6	4	9
9	1	8	4	6	7	3	5	2
4	6	2	9	5	3	8	7	1

407

2	7	6	1	4	5	9	8	3
9	8	5	7	2	3	6	4	1
3	1	4	8	9	6	2	5	7
8	6	2	5	7	9	3	1	4
7	9	1	2	3	4	5	6	8
5	4	3	6	8	1	7	2	9
1	2	8	9	6	7	4	3	5
6	3	9	4	5	8	1	7	2
4	5	7	3	1	2	8	9	6

408

9	7	1	4	2	8	3	5	6
2	8	5	9	6	3	4	7	1
4	3	6	5	1	7	9	8	2
3	2	7	8	5	1	6	4	9
8	6	9	3	7	4	2	1	5
5	1	4	2	9	6	8	3	7
7	4	2	1	3	9	5	6	8
1	9	3	6	8	5	7	2	4
6	5	8	7	4	2	1	9	3

409

4	1	2	8	9	7	3	6	5
7	5	8	2	6	3	9	4	1
6	3	9	4	5	1	8	2	7
3	9	6	1	2	8	5	7	4
1	7	5	9	4	6	2	3	8
8	2	4	3	7	5	6	1	9
2	8	7	6	1	9	4	5	3
5	4	3	7	8	2	1	9	6
9	6	1	5	3	4	7	8	2

410

9	3	8	1	6	4	5	2	7
4	6	7	2	5	8	9	1	3
5	1	2	7	3	9	4	6	8
2	4	5	8	9	6	3	7	1
1	9	3	5	2	7	8	4	6
7	8	6	4	1	3	2	9	5
6	5	9	3	7	2	1	8	4
3	2	4	6	8	1	7	5	9
8	7	1	9	4	5	6	3	2

411

9	7	1	2	8	4	5	6	3
6	3	8	5	1	7	9	2	4
2	5	4	6	3	9	7	8	1
8	1	5	7	4	3	6	9	2
7	2	9	8	6	1	3	4	5
4	6	3	9	2	5	8	1	7
5	4	7	1	9	8	2	3	6
1	9	6	3	7	2	4	5	8
3	8	2	4	5	6	1	7	9

412

4	9	2	8	1	5	3	7	6
1	7	3	4	9	6	8	5	2
8	5	6	2	7	3	1	4	9
5	2	8	6	3	9	4	1	7
6	4	1	7	2	8	9	3	5
7	3	9	1	5	4	6	2	8
9	8	7	5	4	1	2	6	3
2	6	4	3	8	7	5	9	1
3	1	5	9	6	2	7	8	4

413

5	2	1	9	7	4	6	3	8
9	3	6	8	5	2	4	7	1
7	4	8	6	1	3	2	9	5
2	1	3	7	4	5	8	6	9
6	9	7	3	8	1	5	2	4
4	8	5	2	9	6	7	1	3
3	7	9	4	6	8	1	5	2
1	6	4	5	2	9	3	8	7
8	5	2	1	3	7	9	4	6

414

5	8	4	1	9	7	2	3	6
1	6	7	8	2	3	5	4	9
3	2	9	5	6	4	7	1	8
6	1	2	9	8	5	3	7	4
4	3	5	2	7	6	9	8	1
7	9	8	4	3	1	6	5	2
2	7	3	6	4	8	1	9	5
9	4	1	7	5	2	8	6	3
8	5	6	3	1	9	4	2	7

415

4	6	2	9	3	8	5	7	1
8	1	5	4	6	7	9	3	2
7	9	3	2	1	5	6	4	8
2	5	4	7	9	1	8	6	3
6	3	7	8	5	4	1	2	9
1	8	9	6	2	3	4	5	7
3	7	6	1	4	9	2	8	5
9	2	8	5	7	6	3	1	4
5	4	1	3	8	2	7	9	6

416

2	7	5	4	1	3	9	8	6
1	4	9	8	5	6	2	3	7
8	3	6	2	9	7	4	1	5
5	6	2	9	8	1	3	7	4
4	9	3	7	2	5	8	6	1
7	1	8	3	6	4	5	9	2
3	2	7	6	4	8	1	5	9
9	8	1	5	7	2	6	4	3
6	5	4	1	3	9	7	2	8

417

8	7	4	3	1	9	2	5	6
2	9	3	5	6	7	8	1	4
5	6	1	2	4	8	9	7	3
3	2	5	8	9	6	1	4	7
9	4	6	1	7	2	5	3	8
1	8	7	4	5	3	6	2	9
4	3	8	6	2	5	7	9	1
7	1	2	9	8	4	3	6	5
6	5	9	7	3	1	4	8	2

418

4	1	7	2	5	3	6	9	8
3	8	5	9	6	4	7	1	2
2	6	9	1	7	8	3	4	5
8	3	6	5	4	2	9	7	1
9	5	4	8	1	7	2	3	6
1	7	2	6	3	9	5	8	4
7	9	1	4	2	5	8	6	3
5	4	3	7	8	6	1	2	9
6	2	8	3	9	1	4	5	7

419

6	1	8	2	5	4	9	3	7
5	2	4	3	9	7	6	1	8
3	7	9	6	1	8	5	2	4
9	8	2	7	6	1	4	5	3
4	6	1	5	3	9	8	7	2
7	5	3	4	8	2	1	9	6
8	3	6	1	7	5	2	4	9
2	9	5	8	4	3	7	6	1
1	4	7	9	2	6	3	8	5

420

8	4	9	2	6	7	5	1	3
3	6	7	5	9	1	8	4	2
2	1	5	3	8	4	7	6	9
1	5	3	9	7	2	6	8	4
6	8	2	1	4	3	9	7	5
7	9	4	8	5	6	3	2	1
4	2	8	7	3	5	1	9	6
5	7	6	4	1	9	2	3	8
9	3	1	6	2	8	4	5	7

421

6	1	2	7	4	9	5	8	3
9	7	4	5	8	3	1	6	2
3	5	8	2	1	6	7	9	4
5	8	3	1	2	7	6	4	9
1	9	6	4	3	5	8	2	7
4	2	7	6	9	8	3	1	5
8	3	1	9	7	4	2	5	6
2	6	9	3	5	1	4	7	8
7	4	5	8	6	2	9	3	1

422

3	4	6	7	9	1	5	2	8
8	2	1	5	6	4	3	7	9
5	9	7	8	2	3	1	6	4
2	8	9	6	5	7	4	3	1
7	3	5	1	4	2	8	9	6
6	1	4	9	3	8	2	5	7
4	7	2	3	8	6	9	1	5
1	5	8	2	7	9	6	4	3
9	6	3	4	1	5	7	8	2

423

8	4	2	5	3	6	9	1	7
5	3	1	7	9	8	6	2	4
6	7	9	1	4	2	8	3	5
7	9	5	3	2	1	4	8	6
1	6	4	8	5	9	3	7	2
3	2	8	6	7	4	1	5	9
2	8	3	9	6	5	7	4	1
4	1	6	2	8	7	5	9	3
9	5	7	4	1	3	2	6	8

424

6	5	2	4	9	1	8	3	7
8	9	1	3	5	7	4	2	6
3	4	7	8	6	2	5	9	1
7	3	6	1	4	5	2	8	9
4	8	9	7	2	3	1	6	5
1	2	5	6	8	9	7	4	3
5	6	8	9	1	4	3	7	2
2	7	4	5	3	6	9	1	8
9	1	3	2	7	8	6	5	4

425

9	6	8	2	3	4	1	7	5
3	7	1	8	6	5	4	9	2
4	2	5	7	9	1	3	6	8
2	9	4	1	8	6	5	3	7
6	5	3	9	2	7	8	1	4
8	1	7	4	5	3	9	2	6
7	3	6	5	1	8	2	4	9
5	4	9	3	7	2	6	8	1
1	8	2	6	4	9	7	5	3

456

5	7	6	9	3	2	1	8	4
3	9	4	5	8	1	2	7	6
1	8	2	4	7	6	9	3	5
4	5	7	1	9	3	6	2	8
8	2	1	7	6	4	3	5	9
6	3	9	2	5	8	4	1	7
2	6	3	8	4	7	5	9	1
9	4	8	3	1	5	7	6	2
7	1	5	6	2	9	8	4	3

427

2	6	1	8	3	5	7	4	9
7	8	9	1	4	6	3	2	5
3	5	4	2	9	7	8	6	1
8	4	6	3	1	2	9	5	7
9	3	5	7	8	4	6	1	2
1	2	7	6	5	9	4	8	3
6	9	8	5	7	1	2	3	4
4	1	2	9	6	3	5	7	8
5	7	3	4	2	8	1	9	6

428

9	8	2	4	5	7	1	6	3
6	1	4	3	2	9	8	7	5
5	3	7	6	8	1	9	2	4
3	2	5	1	4	8	6	9	7
8	4	9	5	7	6	2	3	1
7	6	1	9	3	2	4	5	8
2	9	3	7	1	4	5	8	6
1	7	8	2	6	5	3	4	9
4	5	6	8	9	3	7	1	2

429

2	3	6	4	8	9	5	7	1
1	5	9	6	2	7	4	3	8
4	7	8	3	1	5	9	6	2
3	9	1	2	7	8	6	5	4
6	4	5	9	3	1	8	2	7
7	8	2	5	4	6	3	1	9
8	6	4	1	5	2	7	9	3
9	1	3	7	6	4	2	8	5
5	2	7	8	9	3	1	4	6

430

8	3	7	4	1	5	2	9	6
2	9	5	8	6	3	7	1	4
1	6	4	7	9	2	5	3	8
6	8	9	1	5	7	4	2	3
3	7	2	9	8	4	6	5	1
5	4	1	2	3	6	8	7	9
9	2	8	5	4	1	3	6	7
7	1	3	6	2	8	9	4	5
4	5	6	3	7	9	1	8	2

431

2	9	4	8	1	5	3	6	7
8	6	3	4	2	7	5	9	1
7	5	1	9	3	6	4	8	2
3	1	7	2	9	4	6	5	8
4	8	5	7	6	1	2	3	9
6	2	9	5	8	3	1	7	4
5	7	6	1	4	8	9	2	3
1	3	2	6	7	9	8	4	5
9	4	8	3	5	2	7	1	6

432

1	6	7	5	9	2	4	8	3
5	8	9	4	6	3	1	2	7
2	4	3	1	8	7	6	9	5
9	3	4	8	2	1	5	7	6
8	1	5	3	7	6	2	4	9
7	2	6	9	4	5	8	3	1
3	5	2	7	1	8	9	6	4
4	7	8	6	5	9	3	1	2
6	9	1	2	3	4	7	5	8

433

2	1	5	4	8	6	3	9	7
4	9	7	5	3	2	1	6	8
3	6	8	9	1	7	2	5	4
8	3	6	2	5	9	4	7	1
9	7	1	6	4	3	5	8	2
5	2	4	1	7	8	9	3	6
7	8	2	3	9	1	6	4	5
1	4	9	8	6	5	7	2	3
6	5	3	7	2	4	8	1	9

434

2	7	3	1	8	6	5	9	4
9	5	8	3	4	2	7	6	1
6	1	4	5	9	7	3	8	2
8	4	2	9	7	3	6	1	5
7	6	1	4	2	5	9	3	8
3	9	5	8	6	1	4	2	7
5	3	9	7	1	8	2	4	6
4	8	6	2	5	9	1	7	3
1	2	7	6	3	4	8	5	9

435

4	7	6	8	3	1	9	5	2
9	8	2	6	5	7	1	4	3
3	1	5	2	9	4	8	6	7
5	4	8	9	2	6	3	7	1
7	2	9	1	4	3	6	8	5
6	3	1	5	7	8	2	9	4
8	6	7	3	1	5	4	2	9
2	5	3	4	6	9	7	1	8
1	9	4	7	8	2	5	3	6

436

4	7	1	2	3	8	9	5	6
3	5	9	7	1	6	2	4	8
8	2	6	9	4	5	1	3	7
7	8	2	4	6	1	3	9	5
5	1	4	3	9	7	6	8	2
9	6	3	8	5	2	4	7	1
2	3	5	6	7	4	8	1	9
6	4	7	1	8	9	5	2	3
1	9	8	5	2	3	7	6	4

437

4	3	5	7	8	9	6	1	2
6	1	2	3	5	4	7	9	8
8	7	9	2	6	1	4	5	3
9	6	8	4	7	5	3	2	1
5	2	7	6	1	3	9	8	4
1	4	3	8	9	2	5	7	6
2	9	4	5	3	8	1	6	7
3	5	6	1	2	7	8	4	9
7	8	1	9	4	6	2	3	5

438

6	9	8	1	5	3	4	7	2
7	4	1	2	9	8	3	5	6
2	5	3	6	4	7	1	9	8
8	2	5	3	1	6	7	4	9
4	1	9	5	7	2	8	6	3
3	7	6	4	8	9	2	1	5
9	8	2	7	6	4	5	3	1
5	6	4	8	3	1	9	2	7
1	3	7	9	2	5	6	8	4

439

4	3	5	6	1	8	7	2	9
7	9	2	4	3	5	8	6	1
6	8	1	9	2	7	5	4	3
3	1	7	2	6	4	9	5	8
2	5	9	8	7	1	4	3	6
8	4	6	5	9	3	2	1	7
1	7	8	3	4	2	6	9	5
9	2	3	7	5	6	1	8	4
5	6	4	1	8	9	3	7	2

440

5	3	8	4	2	1	7	9	6
6	7	4	3	8	9	5	2	1
2	9	1	6	5	7	8	4	3
4	1	3	7	6	2	9	5	8
7	8	2	1	9	5	6	3	4
9	6	5	8	3	4	1	7	2
8	5	7	2	4	6	3	1	9
1	4	6	9	7	3	2	8	5
3	2	9	5	1	8	4	6	7

441

1	7	6	4	3	8	2	5	9
5	3	4	2	7	9	6	8	1
9	8	2	6	1	5	7	4	3
6	5	9	7	8	4	3	1	2
2	1	8	3	5	6	4	9	7
3	4	7	1	9	2	5	6	8
7	9	3	5	4	1	8	2	6
4	6	1	8	2	7	9	3	5
8	2	5	9	6	3	1	7	4

442

5	6	4	7	2	3	9	8	1
2	9	7	1	6	8	3	4	5
8	3	1	5	4	9	7	6	2
6	5	8	4	3	2	1	9	7
7	4	3	9	8	1	5	2	6
1	2	9	6	5	7	8	3	4
9	7	2	3	1	4	6	5	8
4	1	6	8	9	5	2	7	3
3	8	5	2	7	6	4	1	9

443

2	4	6	5	3	8	7	9	1
9	7	3	2	4	1	8	6	5
5	8	1	7	9	6	3	2	4
8	1	4	6	2	3	9	5	7
7	3	9	4	1	5	6	8	2
6	2	5	8	7	9	4	1	3
1	5	8	3	6	4	2	7	9
3	9	2	1	8	7	5	4	6
4	6	7	9	5	2	1	3	8

444

9	8	1	4	2	5	3	7	6
4	6	7	1	3	8	9	5	2
2	5	3	6	7	9	8	1	4
5	9	8	3	6	7	4	2	1
1	7	2	8	5	4	6	3	9
3	4	6	2	9	1	7	8	5
6	2	5	7	4	3	1	9	8
7	1	4	9	8	2	5	6	3
8	3	9	5	1	6	2	4	7

445

1	4	6	9	5	3	2	8	7
3	8	2	4	7	1	5	6	9
9	5	7	8	6	2	1	3	4
6	7	5	2	3	9	4	1	8
4	1	3	6	8	7	9	5	2
2	9	8	5	1	4	6	7	3
8	2	1	3	4	6	7	9	5
5	6	9	7	2	8	3	4	1
7	3	4	1	9	5	8	2	6

446

6	1	8	5	3	7	2	4	9
9	4	5	6	2	1	8	3	7
2	3	7	9	8	4	6	5	1
8	2	6	1	7	3	5	9	4
1	9	3	4	5	6	7	8	2
7	5	4	8	9	2	3	1	6
5	8	2	7	1	9	4	6	3
4	7	1	3	6	8	9	2	5
3	6	9	2	4	5	1	7	8

447

8	6	7	2	4	9	3	1	5
4	9	5	3	1	8	7	2	6
2	3	1	6	5	7	9	8	4
7	8	2	1	3	6	5	4	9
9	4	3	8	7	5	1	6	2
1	5	6	9	2	4	4	7	3
5	7	8	4	6	3	2	9	1
3	1	4	7	9	2	6	5	8
6	2	9	5	8	1	4	3	7

448

4	8	5	6	7	1	9	2	3
2	7	9	3	8	5	4	6	1
6	1	3	9	2	4	8	7	5
5	9	6	2	3	8	1	4	7
1	4	8	7	5	6	2	3	9
3	2	7	1	4	9	6	5	8
8	3	4	5	9	2	7	1	6
7	6	2	8	1	3	5	9	4
9	5	1	4	6	7	3	8	2

449

3	2	8	6	9	7	5	4	1
7	1	6	4	3	5	2	9	8
9	5	4	1	8	2	3	7	6
6	4	5	9	2	1	8	3	7
2	8	7	3	5	4	6	1	9
1	3	9	7	6	8	4	5	2
5	6	1	8	7	3	9	2	4
8	7	2	5	4	9	1	6	3
4	9	3	2	1	6	7	8	5

450

2	6	4	5	3	7	9	8	1
7	9	5	1	8	6	4	2	3
1	3	8	2	9	4	5	6	7
8	2	9	7	4	1	6	3	5
3	4	7	8	6	5	1	9	2
6	5	1	3	2	9	7	4	8
5	8	6	9	7	2	3	1	4
9	1	3	4	5	8	2	7	6
4	7	2	6	1	3	8	5	9

451

2	5	6	4	3	7	1	9	8
9	4	3	5	8	1	2	7	6
7	8	1	2	9	6	5	3	4
4	3	9	6	1	8	7	2	5
5	1	2	9	7	4	6	8	3
6	7	8	3	2	5	4	1	9
1	2	5	8	4	9	3	6	7
3	9	4	7	6	2	8	5	1
8	6	7	1	5	3	9	4	2

452

7	5	6	9	2	3	8	4	1
8	2	9	1	6	4	3	5	7
4	3	1	7	5	8	2	9	6
5	9	3	2	7	6	4	1	8
6	7	2	8	4	1	9	3	5
1	8	4	5	3	9	7	6	2
9	6	5	3	8	2	1	7	4
2	1	7	4	9	5	6	8	3
3	4	8	6	1	7	5	2	9

453

4	6	2	1	7	8	3	5	9
9	8	5	6	3	2	1	7	4
1	3	7	5	4	9	2	8	6
2	7	8	9	1	4	5	6	3
5	9	3	8	6	7	4	1	2
6	4	1	2	5	3	8	9	7
8	2	4	7	9	1	6	3	5
7	1	6	3	2	5	9	4	8
3	5	9	4	8	6	7	2	1

454

2	7	4	3	9	8	1	5	6
3	9	8	1	5	6	2	4	7
1	5	6	4	2	7	9	3	8
6	4	2	7	3	9	5	8	1
5	1	7	6	8	2	3	9	4
8	3	9	5	1	4	6	7	2
4	8	5	2	6	3	7	1	9
7	2	1	9	4	5	8	6	3
9	6	3	8	7	1	4	2	5

455

3	5	4	1	6	9	2	7	8
8	9	6	2	7	4	5	1	3
2	1	7	3	8	5	6	4	9
9	2	1	5	3	8	7	6	4
7	3	8	4	2	6	1	9	5
6	4	5	7	9	1	3	8	2
5	8	2	9	1	7	4	3	6
4	7	9	6	5	3	8	2	1
1	6	3	8	4	2	9	5	7

456

5	8	1	7	2	4	9	6	3
9	7	6	3	1	5	4	8	2
4	2	3	9	6	8	1	5	7
7	5	2	4	9	6	8	3	1
6	3	4	5	8	1	7	2	9
1	9	8	2	3	7	5	4	6
3	4	5	1	7	2	6	9	8
8	1	9	6	4	3	2	7	5
2	6	7	8	5	9	3	1	4

457

9	8	4	6	3	5	1	7	2
6	5	2	4	1	7	8	9	3
7	1	3	9	2	8	4	6	5
2	7	5	3	4	1	9	8	6
8	6	1	7	5	9	2	3	4
4	3	9	2	8	6	5	1	7
1	2	6	8	7	4	3	5	9
3	9	8	5	6	2	7	4	1
5	4	7	1	9	3	6	2	8

458

1	7	4	8	9	5	6	3	2
2	3	9	1	7	6	5	8	4
8	5	6	3	2	4	1	9	7
5	8	2	9	1	3	7	4	6
9	4	1	6	8	7	2	5	3
7	6	3	4	5	2	8	1	9
4	9	8	2	6	1	3	7	5
3	2	7	5	4	8	9	6	1
6	1	5	7	3	9	4	2	8

459

4	7	2	3	1	8	6	9	5
3	5	9	2	6	7	1	8	4
6	8	1	9	5	4	7	3	2
5	1	6	8	4	2	3	7	9
2	4	3	7	9	6	5	1	8
8	9	7	1	3	5	2	4	6
9	3	8	6	2	1	4	5	7
7	6	4	5	8	3	9	2	1
1	2	5	4	7	9	8	6	3

460

9	5	4	7	2	8	6	1	3
3	8	1	9	5	6	2	7	4
2	6	7	4	1	3	8	9	5
8	7	3	5	9	1	4	2	6
6	4	9	8	7	2	5	3	1
5	1	2	6	3	4	9	8	7
4	2	5	3	8	7	1	6	9
1	3	6	2	4	9	7	5	8
7	9	8	1	6	5	3	4	2

461

3	7	5	1	4	9	8	2	6
9	6	2	8	7	3	4	1	5
1	8	4	2	5	6	9	7	3
8	2	3	6	1	4	7	5	9
4	9	1	7	2	5	3	6	8
7	5	6	3	9	8	2	4	1
5	1	7	9	8	2	6	3	4
2	3	9	4	6	1	5	8	7
6	4	8	5	3	7	1	9	2

462

4	6	2	9	1	3	5	8	7
5	7	9	6	8	2	4	3	1
8	1	3	4	5	7	2	9	6
9	3	1	2	4	5	6	7	8
7	5	6	8	3	9	1	4	2
2	8	4	1	7	6	3	5	9
3	2	5	7	6	8	9	1	4
6	4	8	5	9	1	7	2	3
1	9	7	3	2	4	8	6	5

463

7	4	9	5	8	2	1	3	6
2	6	1	7	9	3	5	8	4
5	3	8	6	1	4	2	9	7
9	8	2	3	7	1	4	6	5
3	5	6	2	4	9	8	7	1
4	1	7	8	5	6	3	2	9
8	7	4	9	3	5	6	1	2
6	9	5	1	2	8	7	4	3
1	2	3	4	6	7	9	5	8

464

5	8	9	1	3	7	4	2	6
1	4	2	5	9	6	3	8	7
6	3	7	2	4	8	9	5	1
4	9	3	6	7	2	8	1	5
7	5	6	8	1	3	2	9	4
8	2	1	4	5	9	6	7	3
2	1	8	7	6	4	5	3	9
3	6	5	9	8	1	7	4	2
9	7	4	3	2	5	1	6	8

465

2	9	7	5	1	6	4	8	3
8	5	3	9	7	4	2	1	6
1	6	4	3	8	2	9	7	5
5	7	6	2	4	8	3	9	1
9	2	8	1	3	7	5	6	4
3	4	1	6	5	9	7	2	8
7	3	2	8	6	5	1	4	9
6	1	9	4	2	3	8	5	7
4	8	5	7	9	1	6	3	2

466

8	1	3	5	4	9	7	2	6
6	7	4	3	2	1	9	5	8
2	9	5	6	7	8	3	4	1
4	3	8	1	9	7	5	6	2
1	5	7	4	6	2	8	9	3
9	6	2	8	5	3	4	1	7
7	4	6	2	8	5	1	3	9
5	8	1	9	3	6	2	7	4
3	2	9	7	1	4	6	8	5

467

1	4	3	9	6	8	7	5	2
5	9	8	3	7	2	4	6	1
7	2	6	1	4	5	9	3	8
4	6	7	5	9	1	8	2	3
2	1	9	8	3	4	6	7	5
8	3	5	7	2	6	1	9	4
6	5	4	2	8	9	3	1	7
9	7	1	4	5	3	2	8	6
3	8	2	6	1	7	5	4	9

468

9	7	8	5	6	4	3	1	2
2	6	3	1	8	7	4	5	9
1	4	5	9	2	3	8	6	7
6	2	1	8	3	9	7	4	5
8	9	7	4	1	5	2	3	6
3	5	4	2	7	6	1	9	8
5	3	2	7	9	1	6	8	4
7	1	9	6	4	8	5	2	3
4	8	6	3	5	2	9	7	1

469

4	5	2	9	6	1	8	7	3
7	3	9	8	2	5	6	4	1
6	8	1	4	3	7	5	2	9
5	2	7	1	4	3	9	6	8
8	4	3	7	9	6	1	5	2
9	1	6	2	5	8	7	3	4
1	6	8	3	7	4	2	9	5
2	7	4	5	1	9	3	8	6
3	9	5	6	8	2	4	1	7

470

4	6	7	9	2	8	5	1	3
5	8	2	1	7	3	6	4	9
1	3	9	4	6	5	7	8	2
7	2	1	6	5	9	4	3	8
6	9	4	8	3	1	2	7	5
8	5	3	7	4	2	9	6	1
2	7	5	3	8	4	1	9	6
3	1	6	5	9	7	8	2	4
9	4	8	2	1	6	3	5	7

471

5	8	6	2	1	9	3	4	7
1	3	4	5	8	7	2	9	6
7	9	2	3	4	6	5	1	8
2	6	7	9	3	4	1	8	5
8	4	1	6	7	5	9	2	3
3	5	9	8	2	1	6	7	4
4	2	5	1	6	8	7	3	9
9	7	3	4	5	2	8	6	1
6	1	8	7	9	3	4	5	2

472

8	3	5	4	7	1	9	2	6
4	2	9	6	8	3	5	7	1
1	7	6	5	2	9	3	8	4
3	9	1	2	4	6	7	5	8
7	5	2	1	9	8	4	6	3
6	8	4	3	5	7	1	9	2
5	1	8	9	6	4	2	3	7
2	6	3	7	1	5	8	4	9
9	4	7	8	3	2	6	1	5

473

4	1	5	3	7	2	8	9	6
7	9	3	4	8	6	2	1	5
2	8	6	9	5	1	4	3	7
1	3	4	7	6	9	5	8	2
6	5	8	1	2	4	3	7	9
9	2	7	8	3	5	6	4	1
8	4	2	5	1	7	9	6	3
5	7	9	6	4	3	1	2	8
3	6	1	2	9	8	7	5	4

474

8	6	5	7	3	2	9	4	1
4	7	3	1	6	9	8	2	5
1	9	2	5	4	8	6	7	3
6	1	4	9	5	7	2	3	8
2	8	7	3	1	6	4	5	9
3	5	9	8	2	4	1	6	7
5	2	1	4	8	3	7	9	6
7	3	6	2	9	1	5	8	4
9	4	8	6	7	5	3	1	2

475

2	6	4	8	7	9	1	3	5
3	1	9	4	6	5	2	8	7
5	8	7	2	1	3	6	4	9
9	7	3	6	5	8	4	2	1
8	5	2	9	4	1	7	6	3
6	4	1	7	3	2	9	5	8
1	2	6	5	8	7	3	9	4
7	9	5	3	2	4	8	1	6
4	3	8	1	9	6	5	7	2

476

8	2	7	5	3	9	6	1	4
9	6	1	4	8	7	2	3	5
4	5	3	2	6	1	7	8	9
7	8	2	3	1	4	5	9	6
5	1	4	6	9	8	3	7	2
6	3	9	7	5	2	1	4	8
1	7	5	9	4	6	8	2	3
2	9	6	8	7	3	4	5	1
3	4	8	1	2	5	9	6	7

477

9	8	3	7	2	1	4	6	5
7	6	1	5	8	4	2	3	9
2	5	4	9	6	3	1	7	8
8	4	9	2	5	7	6	1	3
5	2	6	3	1	8	7	9	4
3	1	7	4	9	6	8	5	2
4	3	8	1	7	9	5	2	6
6	7	5	8	3	2	9	4	1
1	9	2	6	4	5	3	8	7

478

6	1	3	5	2	4	9	8	7
5	4	2	7	9	8	1	6	3
7	8	9	6	1	3	2	5	4
2	6	8	3	7	1	4	9	5
4	7	5	9	8	2	3	1	6
9	3	1	4	6	5	7	2	8
8	5	7	1	4	9	6	3	2
1	2	4	8	3	6	5	7	9
3	9	6	2	5	7	8	4	1

479

2	9	5	4	3	6	7	1	8
8	7	6	5	1	2	9	4	3
4	3	1	7	9	8	2	6	5
1	2	3	6	5	9	8	7	4
5	6	8	3	7	4	1	2	9
7	4	9	8	2	1	3	5	6
6	1	4	9	8	7	5	3	2
9	5	2	1	6	3	4	8	7
3	8	7	2	4	5	6	9	1

480

8	3	6	9	5	1	2	7	4
1	7	5	2	6	4	9	8	3
4	9	2	7	3	8	1	5	6
3	4	9	6	2	5	7	1	8
7	5	8	1	4	3	6	9	2
2	6	1	8	7	9	3	4	5
6	1	3	4	8	7	5	2	9
5	8	7	3	9	2	4	6	1
9	2	4	5	1	6	8	3	7

481

3	7	8	9	1	6	2	4	5
9	1	5	2	4	8	6	7	3
2	4	6	3	7	5	8	9	1
7	8	3	4	6	9	1	5	2
1	2	4	5	8	3	7	6	9
6	5	9	7	2	1	4	3	8
8	9	7	1	3	4	5	2	6
4	3	1	6	5	2	9	8	7
5	6	2	8	9	7	3	1	4

482

8	6	4	3	2	1	5	9	7
1	9	5	8	7	4	6	2	3
3	2	7	6	5	9	1	4	8
4	3	6	1	9	2	7	8	5
5	8	9	7	3	6	4	1	2
2	7	1	4	8	5	9	3	6
9	1	3	2	6	7	8	5	4
6	5	8	9	4	3	2	7	1
7	4	2	5	1	8	3	6	9

483

7	6	4	3	5	9	8	2	1
2	9	1	7	4	8	5	3	6
5	3	8	1	6	2	4	7	9
1	4	9	6	3	5	7	8	2
3	2	7	8	9	1	6	4	5
8	5	6	4	2	7	9	1	3
9	1	3	5	7	4	2	6	8
6	7	5	2	8	3	1	9	4
4	8	2	9	1	6	3	5	7

484

2	6	3	7	1	8	4	5	9
1	9	4	3	5	2	6	7	8
7	8	5	4	6	9	2	1	3
5	7	6	9	8	4	1	3	2
4	2	1	6	3	7	8	9	5
9	3	8	1	2	5	7	6	4
3	5	2	8	7	1	9	4	6
8	1	9	5	4	6	3	2	7
6	4	7	2	9	3	5	8	1

485

6	7	3	5	9	1	2	8	4
8	2	9	4	7	3	6	1	5
1	4	5	8	2	6	9	7	3
5	1	8	3	6	7	4	2	9
7	6	2	9	4	5	1	3	8
9	3	4	2	1	8	7	5	6
2	8	7	6	5	9	3	4	1
4	5	6	1	3	2	8	9	7
3	9	1	7	8	4	5	6	2

486

1	7	4	9	8	5	2	6	3
2	8	9	1	3	6	5	7	4
5	3	6	4	2	7	9	1	8
4	5	1	8	9	3	7	2	6
9	6	7	2	5	4	8	3	1
8	2	3	6	7	1	4	9	5
6	9	5	3	4	2	1	8	7
7	1	8	5	6	9	3	4	2
3	4	2	7	1	8	6	5	9

487

7	8	1	6	5	4	9	2	3
3	5	2	7	9	1	4	6	8
9	4	6	8	2	3	5	1	7
2	1	3	4	8	5	7	9	6
5	6	9	3	1	7	2	8	4
4	7	8	9	6	2	3	5	1
6	9	4	2	7	8	1	3	5
1	2	7	5	3	6	8	4	9
8	3	5	1	4	9	6	7	2

488

7	1	4	3	6	5	2	9	8
2	5	9	1	4	8	7	3	6
8	6	3	7	2	9	1	4	5
4	3	8	6	1	2	9	5	7
5	9	1	8	7	4	3	6	2
6	7	2	9	5	3	8	1	4
9	2	6	4	8	1	5	7	3
3	4	5	2	9	7	6	8	1
1	8	7	5	3	6	4	2	9

489

1	8	3	6	5	2	7	9	4
4	9	6	7	8	3	2	1	5
5	7	2	4	1	9	6	3	8
7	2	5	1	6	4	3	8	9
3	4	8	2	9	7	5	6	1
6	1	9	8	3	5	4	7	2
9	5	1	3	2	6	8	4	7
8	3	4	5	7	1	9	2	6
2	6	7	9	4	8	1	5	3

490

7	4	6	3	9	5	2	8	1
5	2	9	1	8	7	3	6	4
3	8	1	2	6	4	9	5	7
2	1	8	4	5	9	7	3	6
4	6	5	7	2	3	1	9	8
9	7	3	6	1	8	5	4	2
8	3	4	5	7	2	6	1	9
1	5	7	9	4	6	8	2	3
6	9	2	8	3	1	4	7	5

491

3	8	9	6	5	2	1	7	4
6	7	5	9	1	4	8	2	3
2	1	4	7	3	8	6	5	9
4	3	1	8	2	6	5	9	7
5	9	6	1	7	3	4	8	2
7	2	8	5	4	9	3	1	6
9	6	2	3	8	1	7	4	5
1	5	3	4	9	7	2	6	8
8	4	7	2	6	5	9	3	1

492

1	6	4	7	3	5	9	2	8
8	2	5	9	6	4	1	3	7
9	3	7	1	2	8	5	6	4
2	5	1	4	8	3	7	9	6
6	9	3	5	7	2	4	8	1
4	7	8	6	9	1	2	5	3
7	1	6	8	5	9	3	4	2
5	4	2	3	1	6	8	7	9
3	8	9	2	4	7	6	1	5

493

9	1	2	5	8	7	4	6	3
5	8	4	3	9	6	2	1	7
6	3	7	2	4	1	9	5	8
2	5	1	6	7	8	3	9	4
8	9	6	4	1	3	5	7	2
7	4	3	9	5	2	1	8	6
3	7	8	1	2	5	6	4	9
1	2	9	7	6	4	8	3	5
4	6	5	8	3	9	7	2	1

494

6	8	1	5	3	2	7	4	9
2	3	4	7	9	6	8	1	5
9	5	7	8	1	4	6	2	3
8	9	6	1	4	5	3	7	2
5	7	2	3	6	8	1	9	4
4	1	3	9	2	7	5	8	6
1	2	9	6	8	3	4	5	7
7	6	8	4	5	9	2	3	1
3	4	5	2	7	1	9	6	8

495

3	1	5	7	4	9	8	2	6
7	2	6	3	8	1	9	5	4
4	9	8	5	2	6	7	3	1
2	8	7	9	6	5	4	1	3
5	6	4	1	3	8	2	9	7
9	3	1	2	7	4	5	6	8
8	4	2	6	5	3	1	7	9
1	7	3	4	9	2	6	8	5
6	5	9	8	1	7	3	4	2

496

6	8	1	5	3	2	7	4	9
2	3	4	7	9	6	8	1	5
9	5	7	8	1	4	6	2	3
8	9	6	1	4	5	3	7	2
5	7	2	3	6	8	1	9	4
4	1	3	9	2	7	5	8	6
1	2	9	6	8	3	4	5	7
7	6	8	4	5	9	2	3	1
3	4	5	2	7	1	9	6	8

497

6	7	2	5	3	1	8	9	4
9	1	5	6	4	8	7	2	3
3	8	4	2	7	9	6	5	1
4	6	3	8	5	2	9	1	7
7	5	9	3	1	4	2	8	6
1	2	8	7	9	6	4	3	5
8	9	1	4	6	5	3	7	2
2	4	7	1	8	3	5	6	9
5	3	6	9	2	7	1	4	8

498

2	5	4	6	3	7	8	9	1
6	3	8	1	9	4	5	7	2
1	9	7	5	8	2	3	6	4
4	7	2	9	6	3	1	8	5
9	6	5	8	2	1	7	4	3
3	8	1	7	4	5	9	2	6
8	1	9	2	5	6	4	3	7
7	2	3	4	1	8	6	5	9
5	4	6	3	7	9	2	1	8

499

9	6	7	1	5	8	3	4	2
8	1	2	6	4	3	7	9	5
3	5	4	7	2	9	1	6	8
5	2	9	8	3	4	6	7	1
7	3	6	2	1	5	4	8	9
4	8	1	9	6	7	2	5	3
6	7	5	3	9	2	8	1	4
2	9	8	4	7	1	5	3	6
1	4	3	5	8	6	9	2	7

500

5	4	1	9	6	8	3	7	2
2	6	3	7	5	4	1	8	9
9	7	8	3	1	2	5	4	6
6	9	4	1	2	3	7	5	8
1	5	7	4	8	9	2	6	3
8	3	2	6	7	5	4	9	1
7	1	5	8	3	6	9	2	4
3	8	9	2	4	7	6	1	5
4	2	6	5	9	1	8	3	7

포인팅 트레이닝 [숫자 순서 찾기] 정답 코드

010 (4 - 5 - 7 - 6 - 2 - 1 - 3 - 8 - 9)

020 (6 - 8 - 3 - 9 - 2 - 5 - 1 - 4 - 7)

030 (8 - 7 - 3 - 4 - 2 - 5 - 6 - 1 - 9)

040 (1 - 4 - 9 - 2 - 8 - 7 - 5 - 3 - 6)

050 (4 - 7 - 1 - 3 - 8 - 5 - 2 - 6 - 9)

060 (1 - 5 - 4 - 7 - 3 - 6 - 8 - 2 - 9)

070 (5 - 6 - 9 - 1 - 3 - 4 - 2 - 7 - 8)

080 (9 - 7 - 1 - 6 - 8 - 4 - 3 - 2 - 5)

슈퍼 스도쿠 트레이닝 500문제 초급·중급
IQ 148을 위한

1판 1쇄 펴낸 날 2022년 4월 25일
1판 4쇄 펴낸 날 2024년 11월 25일

지은이 이민석

펴낸이 박윤태
펴낸곳 보누스
등록 2001년 8월 17일 제313-2002-179호
주소 서울시 마포구 동교로12안길 31 보누스 4층
전화 02-333-3114
팩스 02-3143-3254
이메일 bonus@bonusbook.co.kr

ISBN 978-89-6494-548-3 04410

• 책값은 뒤표지에 있습니다.